岭南传统造园技艺

刘光辉 著

华南理工大学出版社
SOUTH CHINA UNIVERSITY OF TECHNOLOGY PRESS
·广州·

图书在版编目（CIP）数据

岭南传统造园技艺 / 刘光辉著．—广州：华南理工大学出版社，2024.3

ISBN 978-7-5623-7662-0

Ⅰ．①岭…　Ⅱ．①刘…　Ⅲ．①园林艺术－研究－广东　Ⅳ．①TU986.626.5

中国国家版本馆 CIP 数据核字（2024）第 060555 号

LINGNAN CHUANTONG ZAOYUAN JIYI

岭南传统造园技艺

刘光辉　著

出 版 人：柯　宁

出版发行：华南理工大学出版社

（广州五山华南理工大学 17 号楼，邮编 510640）

http://hg.cb.scut.edu.cn　E-mail：scutc13@scut.edu.cn

营销部电话：020-87113487　87111048（传真）

责任编辑：林起提

责任校对：梁晓艾

印 刷 者：广州一龙印刷有限公司

开　　本：787mm × 1092mm　1/16　　印张：17.25　　字数：296 千

版　　次：2024 年 3 月第 1 版　　印次：2024 年 3 月第 1 次印刷

定　　价：128.00 元

前言

中国传统建筑体系源远流长、博大精深，文化底蕴深厚，极具艺术魅力，是中华优秀传统文化的重要组成部分。岭南园林是中国传统园林的三大流派之一，在中国造园史上有着非常重要的意义，特别是在现代园林的创新和发展上，更有着举足轻重的作用。因特殊的地理位置、独特的自然环境和深厚的人文习俗，岭南园林在中国传统建筑体系中独树一帜，光彩夺目。

岭南园林深受中原文化影响，萌芽于秦，宋元时期日渐成熟，明清以后，岭南园林造园之风兴盛，由于清代海禁，广州一度曾是全国唯一通商口岸，西洋建筑文化元素不断融入，岭南园林营造技艺也日趋成熟，并凸显岭南地域亚热带风光特色，园林布局、空间组织、水石运用和花木配景独具一格，形成了有异于江南园林、北方园林的岭南地方风格。

岭南传统造园技艺是一种兼具技术性、艺术性、组织性和民俗性的技艺，是一门涉及建筑学、力学、艺术学、民俗学、农学、林学和土木工程类等诸多领域的综合艺术，具体包括建筑、装饰、理水、叠石、筑山、植物、小品及铁艺等要素，经过科学配置，精心组合，构建出最宜人居住和观赏的生态、诗画环境。岭南传统造园技艺是具有悠久文化历史背景的一门技术、技能，蕴含着民族的文化价值观念、思想智慧和实践经验，是历史和文化的载体。

千百年来岭南极其丰富的造园技艺积累仅在工匠的圈子里口传心授，随着现代建筑技术不断发展，岭南造园技艺逐渐湮灭无存，已出现后继无人现象，因此对岭南造园技艺的研究必须要有紧迫感，这既是岭南园林保护和修缮的需要，也是岭南造园技艺传承和保护的需要，更是传播岭南当代工匠精神的需要。

2021年作者项目团队成功申报广东省哲学社会科学规划2021年度岭南文化项

目“岭南传统造园技艺传承和保护研究”，项目团队走访80余位岭南传统造园技艺工匠，了解和掌握岭南园林常见的造园技艺，并归纳总结，编著成本书。

本书是对岭南传统造园技艺的挖掘、梳理和归纳，希望它能够引起大家对岭南传统造园技艺的关注，成为岭南传统文化自信的载体，让人们不仅了解岭南传统造园技艺的特色，更感受到岭南传统文化的魅力。本书介绍了岭南传统园林和园林建筑的基本内容，重点阐述了营造修建、装饰艺术、叠山理水、景观小品和植物配景等技艺。

岭南传统造园技艺的传承和发扬，需要一代又一代人的共同努力，而只有与工匠们真实接触，才能了解传统园林背后的故事。本书除了用图片文字对造园技艺进行记录外，还希望为大家创造更多与造园工匠接触的机会。他们身上所体现出来的对造园技艺的热爱与执着，让我们一次次感动，也坚定了我们为造园建筑技艺的传承与发展贡献绵薄之力的信心。

本书信息量较大，在撰写、编辑等方面难免存在不足，请大家斧正，我们不胜感激！

刘光辉

2023年3月

目录

MULU

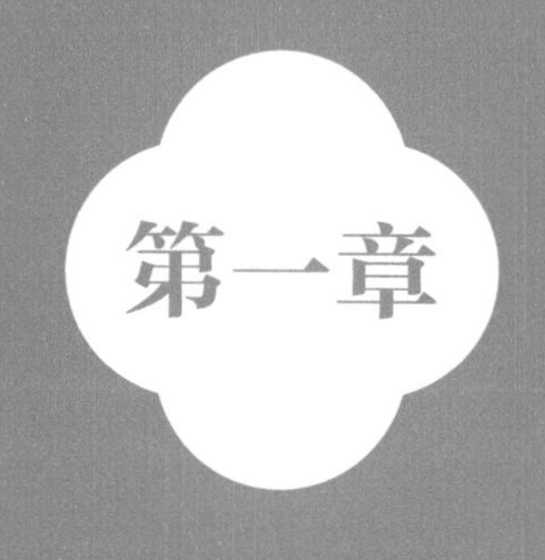

岭南传统园林概述

第一节 岭南传统园林

岭南是中国南方五岭以南的统称，始称于唐贞观年间，是为岭南道，古时也称岭表、南粤、岭外、百越、扬越。所谓五岭，即越城岭、都庞岭、萌渚岭、骑田岭和大庾岭（另有说是揭阳岭）。现今岭南境域主要包括广东全部、海南全部、福建西南部、广西东部和南部及香港、澳门地区。

岭南地处中国南疆，有独特的自然环境和人文习俗，在明清时期数百年“一口通商”的国策之下，岭南重镇——广州是中国唯一的对外贸易通商口岸，随着中外贸易的频繁交流，中西文化不断交融与碰撞，逐渐形成了具有兼容性、务实性、多元性、创新性等特征的岭南文化，这也为岭南园林的风格形成奠定了基础。岭南传统园林以中国传统园林艺术为核心，结合自身的地域特征和文化特点，并吸收了外来文化的审美意趣，发展成与北方皇家园林和江南古典园林鼎峙的三大园林之一。

岭南地区北有五岭为屏障，南濒南海，多山少地，河网纵横，受着强烈阳光照射和海陆季风的影响；岭南山清水秀，植物繁茂，一年四季郁郁葱葱，呈现出一派典型的亚热带和热带自然景观，被誉为南国风光而驰名中外。随着岭南社会经济的逐渐上升、文化艺术的发展和海外交流的日益频繁，岭南传统园林逐渐呈现出越来越浓厚的地方特色。岭南传统园林，布局开朗，构意新清，简朴自然，形成了融北方园林之雄壮与江南园林之秀丽于一体的通透典雅、轻盈畅朗的格调，独具岭南地方风格。

一、岭南传统园林的历史发展

岭南建筑始于新石器时代，秦汉以降，兼容中原、吴楚和西方建筑文化，在华夏建筑之大系统中，形成独具岭南地域特色的建筑体系。岭南园林萌发于秦汉，经缓慢发展而繁荣于明清，形成异于北方园林和江南园林的岭南地方风格。

从史料记载和现存园林来看，岭南造园具有不连贯性的特点，突出表现在四个相互独立的历史阶段：秦汉时期、唐宋元时期、明清时期及近代，这四个历史阶段的造园侧重有所不同，但每一次大规模的园林兴建，都将岭南园林的造园活动推向一个高潮，都使园林艺术登上一个台阶，都有新的突破，为岭南园林创造独有的风格和特点奠定了基础。

1. 秦汉时期（南越王朝）

公元前221年秦始皇兼并六国后，遣五十万大军进军岭南，于公元前214年统一岭南，设桂林、南海、象三郡，将岭南纳入秦帝国的版图，秦末中原大乱，原秦将赵佗发兵绝秦新道，击并桂林、象郡，于公元前204年建立南越国，以番禺（今广州）为都城，岭南造园的历史由此开启。

1995—1997年间，广州考古发掘的南越国宫署御园遗址，是目前我国发现的年代最早的宫苑实例（图1-1-1）。南越宫苑在布局、形制与结构等方面与我国早期园林发展是一脉相承的，宫殿建筑不但在形制上与汉廷中央的宫殿建筑大体一致，宫室的名称也多是效仿汉廷；南越宫苑建筑材料、建筑手法是以砖石建

图1-1-1 南越宫苑复原图（拍摄于广州南越王博物院）

筑体系为主，与同时期我国其他地区的建筑有所不同，这与古代的地中海沿岸地区和两河流域以及印度河流域相同。南越宫苑是受到中原汉文化和海外文化双重影响形成的文化遗址，是岭南文化多元性和兼容性的体现，可以说南越宫苑是岭南园林的真正源头。

秦汉时期是岭南园林与建筑发展的第一个重要时期。秦军南下统一岭南的同时，带来了中原地区先进文化和建筑技术，岭南有了城市的建设，出现了宫殿等多种建筑类型，采用了木、砖、瓦、砂岩等建筑材料。岭南建筑在吸收中原先进文化的同时，也保留了干阑建筑适应岭南湿热气候的特点。岭南园林在效仿秦汉皇苑的同时，出现了整体取向自然、局部取向人工的造园特点。

2. 唐宋元时期（南汉王朝）

唐朝末年，各地藩镇割据，广州刺史刘隐面对中原无主的混乱局面，自立为王，号称“大越”，公元917年，刘隐的弟弟刘龑即位，第二年改称为“汉”，史称“南汉”。南汉园林在南越国园林的造园基础上有了很大的发展，除了保持南越国园林的基本特点外，又有了自己的造园特色，一方面是园林与城市和环境的密切结合，另一方面是园林与建筑物之间的紧密配合。

南汉宫城禁苑中，最著名的当数南宫仙湖药洲，即今广州教育路南方剧院内的“九曜园”，是五代十国时期南汉药洲的千年古迹，园内有一方水池，面积约300平方米，著名的“九曜石”如今有遗石五座，散处池中和池边，是珍贵的历史文物。

唐宋时期是岭南园林与建筑发展的第一个高潮时期。唐代岭南建筑加速发展，其中以宗教建筑最盛，砖、瓦、砂岩等建筑材料得到进一步推广，出现了写仿自然又有寓意的私家园林。唐末南汉，大兴土木，在广州建造了数百处宫室、楼台和园林。至宋元时期，城防体系加强，砖石结构进步，建筑类型比较齐备，出现了庭院，岭南建筑体系基本形成。

3. 明清时期

岭南私家园林的繁盛出现于明清时期，以珠江三角洲为中心，覆盖两广、福建、台湾等地。特别是清代以后的宅居庭园，无论史料还是现存园林都较为丰富。广州明清时期，名园就有五六十处之多，且规模相当，现保存较为完整的代表作品有“岭南四大名园”：余荫山房、可园、清晖园和梁园。岭南造园意在园林的融合性与亲近性，讲究实用，追求平实。园林性格开朗、明快、简捷、直叙，景观直接易懂；常巧借园外田园山水风光，把园外景色组织到园内，从而丰富园林空间层次，形成独特的造园风格。

明清时期，岭南地区文人墨客纷纷建园，特别是19世纪通过海外贸易积累雄厚资本的富商们营建了大量兼顾商、政和生活用途的园林，园主与文人墨客频繁交流，促使岭南园林成为诗歌、书画艺术活动交流的重要场所。与此同时，别具特色的岭南园林，极大触发诗人和画家的创作灵感和游玩兴致，促进了岭南诗歌、文学、绘画、书法等园事活动的蓬勃发展。

明清时期，岭南地区与西方交流更为密切，岭南园林在以中国传统园林和岭南地域特色为基础的条件下，吸收了大量的西方文化，结合了许多西方园林的思想和手法，取其精华，使园林更好地向前发展。如部分建筑材料采用海外舶来品，建筑造型及装饰纹样常仿西式，建筑局部采用拱门窗、欧式柱头、铁枝花饰样等。

这时期，岭南园林与建筑的发展也进入鼎盛时期，形成了成熟的、地域特色鲜明的建筑体系。建筑类型齐全，族群布局灵活多样，营造技艺娴熟精湛，艺术风格瑰丽轻盈。岭南私家造园之风兴盛，凸显亚热带风光特色，园林布局、空间组织、水石运用和花木配景独具特色，形成了有异于江南园林、北方园林的岭南地方风格。

4. 近代

近代之后，以建筑空间为主的岭南传统园林，从私家园林逐渐扩展到公共活动场所的园林，早期的公建园林多为寺庙道观园林和公祠园林，如广州光孝寺、广州陈家祠，后逐渐扩展到茶室、酒家等建筑园林中。近代也有保存较好的私家园林，如澳门卢廉若花园、开平立园等。

二、岭南传统园林代表

1. 余荫山房

余荫山房（图1-1-2），又称余荫苑，位于广东省广州市番禺区，始建于清同治六年（公元1867年），园主邬彬任刑部浙江司员外郎，诰授二品通奉大夫，邬彬在京任职四年后，便以母亲年迈为由，乞假归隐乡里，兴建这座园林。

图1-1-2　余荫山房

为纪念和永泽先祖福荫，取“余荫”二字作园名，又因这座园林地处偏僻的岗地之下，故用“山房”这个名字以示谦逊。余荫山房造园有四巧：①嘉树浓荫，藏而不露，满园绿树遮蔽，荫凉幽静，显现“余荫”意境；②缩龙成寸，小中见大，园中面积仅为三亩，亭、堂、楼、榭与山、石、池、桥搭配自如，建筑布局紧凑，有条不紊；③以水居中，环水建园，园林建筑分设于周边，游人环水而行，深浅曲折，峰回路转，常有似尽未尽之感；④书香文雅，满园诗联，文采缤纷。园内有红雨绿云、浣红跨绿廊桥、深柳藏珍三大景观和深柳堂、临池别馆、卧瓢庐、玲珑水榭四大建筑。2001年，余荫山房被国务院公布为全国重点文物保护单位。

2. 清晖园

清晖园（图1-1-3），位于广东省佛山市顺德区，原为明万历丁未年（公元1607年）状元黄仕俊府邸，清乾隆年间为进士龙应时购得，嘉庆十年（公元1805年）其子龙廷槐请同榜进士、江苏书法家李兆洛题为“清晖园”三字，以喻父母之恩如日光和煦照耀。清晖园从布局上分为南部、中部及北部三部分，三

图1-1-3　清晖园

部分景区池水、院落、花墙、廊道、楼厅相对独立又相互渗透，互相交错，互相“借景”，形成“园中园”的格局，营造景幽而宽广、委婉多姿的造园情趣，无论站在何处，映入眼帘的都是一幅旖旎而完整的图画。园内不论是大景区的设置，还是单个建筑物的设计，都注意避免与旁边的景区或建筑物重复，错落有致的体块变化，疏密相间的节奏韵律，明暗、高低、大小等的对比，使园内形成了繁多的观赏空间，美不胜收。园内有船厅、碧溪草堂、澄漪亭、六角亭、惜阴书屋、竹苑、斗洞、狮山、八角池、笔生花馆、归寄庐、小蓬瀛、红蕖书屋、凤来峰、读云轩、沐英涧、留芬阁等，造型构筑各具情态，灵巧雅致，建筑物之雕镂绘饰，多以岭南佳木花鸟为题材，古今名人题写之楹联匾额比比皆是，大部分门窗玻璃为清代从欧洲进口经蚀刻加工的套色玻璃制品，古朴精美，品味无穷。2013年，清晖园被国务院公布为全国重点文物保护单位。

3. 可园

可园（图1-1-4），位于广东省东莞市莞城，园主张敬修官至江西按察使署理布政使。可园始建于清道光三十年（公元1850年），清同治三年（公元1864

图1-1-4　可园

年）建成，后有多次扩建和改建。当年张敬修亲自参与可园筹划兴造，聘请当地名师巧匠，摹仿各地名园，营造独具一格的私家园林。可园占地面积三亩三，以“小巧玲珑、设计精巧”著称，将住宅、庭院、书斋等艺术地糅合在一起，亭台楼阁、山水桥榭、厅堂轩院一应俱全。可园布局高低错落，处处相通，曲折回环，扑朔迷离；空处有景，疏处不虚，小中见大，密而不逼，静中有趣，幽而有芳。可园建筑分西南、东北两组，建筑之间用檐廊、前轩、过厅、走道等相接，形成“连房广厦”的内庭园林空间，内庭运用了“咫尺山林”的手法，能在有限的空间里再现大自然的景色。可园共有一楼、六阁、五亭、六台、五池、三桥、十九厅、十五房。可园创建人张敬修金石书画、琴棋诗赋，样样精通，又广邀文人雅集，使可园成为广东近代的文化策源地之一。居巢、居廉在可园十年创造没骨法、撞粉法画花鸟画，并予传授，为岭南画派开创先河。2001年，可园被国务院公布为全国重点文物保护单位。

4. 梁园

梁园（图1-1-5），位于广东省佛山市禅城区，始建于清嘉庆、道光年间（公元1796—1850年），是清中晚期佛山梁氏私家园林的总称，由岭南著名诗书画家梁蔼如与梁九章、梁九华、梁九图叔侄四人陆续建成。园内祠堂居东，大片园林在西，形成一个居住环境良好、园林景观豁然开朗的有机体系，祠堂、宅弟与园林建筑通过有机的组合，自成体系，亭廊桥榭、堂阁轩庐，聚散得宜，错落有致。梁园造园手法独特，立意清新脱俗，布局上匠心独运，独具珠三角精巧别致的艺术风格和民俗风情。梁园以山石的设置与组合为主要景观，奇峰异石多达数百块，有“积石比书多”的盛誉，亦有“十二石山斋”的别名。1989年，梁园被公布为省级重点文物保护单位。

图1-1-5　梁园

图1-1-6　樟林西塘

图1-1-7　西园

5. 樟林西塘

樟林西塘（图1-1-6），位于广东省汕头市澄海区，清嘉庆四年（公元1799年）邑绅林泮始建，光绪年间为樟林南社洪植臣买得，亦称洪源记花园，是岭南粤东地区较为著名的庭院之一。樟林西塘是集住宅、书斋、庭院三者为一体的庭院，庭院面积仅及亩许，前临外塘，亭榭楼阁、假山莲池、客厅书房、园林花木莫不具备，其东部凹入为水湾，过去通航外河，停泊船艇。庭院最大特点是结合地形，在有限的面积内获取最多的景观效应，造园手法上，采用先收后放、先抑后扬的方式，随着步移，园内空间由小转大，由封闭转向开敞，景色逐渐增多，由较为单一的景观转向层次丰富的景观。庭院虽仿苏州园林样式而建，却不失潮汕地区建筑特色。

6. 潮阳西园

潮阳西园（图1-1-7），位于广东省汕头市，为萧钦所建，始建于清光绪二十四年（公元1898年），竣工于宣统元年（公元1909年）。西园占地面积约1330平方米，全园分为二层洋楼、房山山房和假山三部分，还有天井、莲池和六角亭。西园地块呈不规则梯形，西侧为长边，西对街道开门。其平面采用中庭“左宅右园”的处理手法，与传统园林布局完全不同，三组建筑各自独立，又相互联贯。在造园技艺方面，西园继承了岭南传统庭园的精髓，又对西方园林的形式美学有相当的模仿，它将中原、岭南、江浙与西方的园林艺术融为一体，并运用了近代新材料、新技术大胆创新。

7. 卢廉若花园

卢廉若花园，位于澳门，又名“卢园”“卢家花园”“娱园”“卢九花园”，现改为卢廉若公园，为卢华绍、卢廉若所营造，始建于1904年，1925年建成。卢廉若花园既有江南园林的造园手法，又融入西方的建筑风格。园内亭台楼阁、池水桥榭，曲径回廊，奇峰怪石，幽深竹林，飞溅瀑布，叠石山景与植物穿插运用，颇有山野之趣。其中假山石材均为岭南出产，使得石景呈现出浓郁的岭南地域特色。

8. 立园

立园，位于开平市，始建于1926年，1936年建成，是旅美华侨谢维立先生修建的一座近代私家园林。立园分为三部分：小花园、大花园和别墅区，分别用河涌和围墙分隔，形成各自相对独立的功能区。立园建筑以西方造园手法为主，同时又融入中国园林营造艺术，成为具有独特风格的近代园林建筑。

三、岭南传统园林特点

中国传统造园是以自然取胜，通过叠山理水，植物配置，浓缩自然山水美景；岭南传统园林则强调以建筑、装饰、小品、植被综合取得艺术效果，独具特色，与北方皇家园林、江南私家园林有着显著的不同。

1. 环境特点

岭南园林的构筑艺术、审美取向、选址命意都有其独特之处，基本上是依托和利用自然环境，对自然环境尽可能不作大的调整和改造，建园者崇尚自然，追求平实，不太重视人工打造的假山流水，也不太重视江南园林那种在咫尺中营造山林的巧构。

岭南园林的营建最重视的是选址，而选址也最能表现出建园者的审美取向和生活意趣，选址的原则是尽可能离开闹市，把园林宅第建在真山真水的大自然环境中，甚至将宅园融入大自然，成为其中一部分。

2. 空间特点

岭南园林的空间特征是内收型和扩散型的结合，岭南园林的园内空间也是属于围合封闭的内收型，但在景观组织上，特别是在视线组织上，将园内外空间有机地结合在一起，产生了空间的扩散感。岭南宅园面积较小，园林空间组织较为简单，常通过借助园外景色，把园外景色组织到园内来，从而形成了园林空间的丰富层次。这种借助外部景色的手法有两种。

临界面交融法：岭南园林选址大多在自然景色优美的地方，造园时在宅园与外界交接处，利用环境景观最好的面向采取开敞的方式进行布局，岭南园林常用的方法就是借用水面，水面能起到很好的作用，平坦开阔，视野宽广（图1-1-8）。

图1-1-8　梁园区内区外景色交融

景观视点抬高法：当登上楼阁或假山时，不仅园内空间景色一览无遗，而且能望到园外的流溪、池湖、田野，还有远处的峦群山峰，庭园高处视野开阔，有海阔天空之感，园林构成丰富，取得了“山外青山楼外楼”的效果（图1-1-9）。

图1-1-9　可园邀山阁最高处视觉效果

3. 艺术特点

岭南园林艺术特色，在造园手法上，特别是建筑的装饰和水庭的处理，人工艺术性较强，庭园造园常用几何形体的空间组合和图案方式，但几何形体常采用不规则的形式，从而获取庭园空间的多变性和丰富性。中国的传统造园是以自然取胜，通过叠山理水，植物配置，浓缩自然山水美景。而岭南园林则强调以建筑、装饰、小品、植被综合取得艺术效果，而这种效果在很大程度上表现为人工的艺术。

（1）岭南园林中的建筑艺术

岭南园林大多是生活区和园林区相互融合，以建筑空间为主的岭南庭园主要有建筑绕庭、前庭后院、书斋侧庭、前宅后庭等布局方式，常用“连房广厦”的形式通过连廊将船厅、亭榭、楼阁等联成一片，形成既分隔又连通的庭园有机空间。园林建筑体形明朗轻快，通透开敞，特别注重装饰装修艺术，运用小木作装修与木雕、砖雕、石雕、灰塑、陶塑、嵌瓷等工艺，通过塑形、图案、色彩、陈设等装饰艺术手段来强调园林建筑的艺术美感。余荫山房的建筑艺术极精美，园中不论花坛、墙壁、台阶、地面都有雕刻图案，精细素雅、玲珑可品（图1-1-10）。梁园的荷香水榭造型精巧、玲珑典雅，木雕描金配上千年荔枝的根雕屏风，彰显梁园雅淡自然的造园特色，荷香水榭与其背后一池荷花交相辉映（图1-1-11）。

图1-1-10　余荫山房玲珑水榭

图1-1-11　梁园荷香水榭

（2）岭南园林中的山石特色

石是岭南园林中的一个重要的造景要素，因所处地理位置的关系，形成了岭南人酷爱石头并将千姿百态、玲珑奇巧的石头作为园中一景的情况，几乎是无园不石，而岭南园林叠石的手法也有很强的人工味。岭南园林由于规模小，故很少布置土山，而是以石为山。明代造园家计成对石景做法有这样的叙述：“聚石垒围墙，居山可拟。墙中嵌壁岩，或顶植卉木、垂萝，似有深境。”这种附于墙面的叠石壁山，江南园林中见得不多，但在岭南园林中，却是一种常用的石景手法。壁山石景有效地利用空间，使假山石状似山岩峭壁，如清晖园“集云小筑”外墙布置的假山，状似山岩峭壁，内里却别有洞天（图1-1-12）。

图1-1-12　清晖园集云小筑

（3）岭南园林中的水体及植物特色

图1-1-13　余荫山房深柳堂前景观

在西方造园思想的影响下，岭南园林的理水手法不同于江南园林用自然的池形水面，其理水方式是以聚为主，池岸和水池形式较为规整。例如岭南名园番禺余荫山房是由两个规整形状的水池并列组成水庭，面积约有二百多平方米，水池的规整几何形状显然是受到西方园林水池布置的影响。环绕八角亭的水渠两旁以园径及花池花基划分几何图形的花圃，散点山石，植白兰、荔枝、大树菠萝等花果树木及盆栽，花木扶疏，透过桥廊，相互掩映多致。深柳堂前廊伸出西式铁铸通花花檐，堂前月台左右各植炮仗花（迎春花）树一株，经一百多年风雨，古藤缠绕，茂盛苍劲，每逢春节期间满檐红花烂漫，宛如红雨一片，点缀山房景色，堪称一艳（图1-1-13、图1-1-14）。

图1-1-14　余荫山房浣红跨绿廊桥前水池

（4）岭南园林材料和细部艺术

岭南园林中的建筑造型及装饰纹样通常是仿照西式，如建筑局部的西洋古典装饰——拱形门窗、欧式柱头、西洋式护栏构件、铁枝花饰样等，构件预制化，也是外来文化的影响。此外，四大名园其隔扇都镶嵌套色玻璃这一舶来品，不仅成为四大名园中最为亮丽的一道风景线，也是岭南私家园林善于吸收外来文化的最好例证。余荫山房的深柳堂、小姐楼都使用了西式进口的套色玻璃和古色古香的满洲窗，成为中西文化交融的一个典范（图1-1-15）。

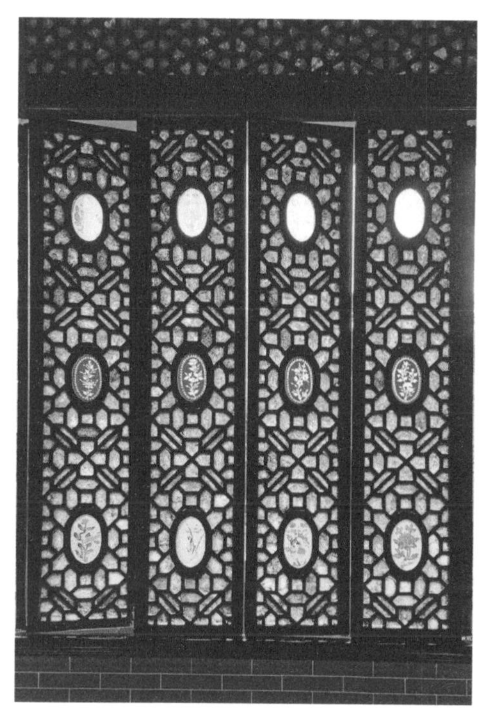

图1-1-15　余荫山房满洲窗

四、岭南传统园林营造手法

1. 立意

中国传统造园都有一个主题，或总体上追求一个统一的意趣，不仅一座园林有一个总的主题和构思，园中各主要景观也大都各具与总主题呼应且互不雷同的次主题。

余荫山房取名为“房”，而且是山房，充分体现了园主看破红尘，急流勇退，隐归林泉，不事张扬，与世无争的谦恭心态。“余地三弓红雨足，荫天一角绿云深”指整个余荫园四季花果不断，把园内绿树成荫的环境表现得淋漓尽致（图1-1-16）。西

图1-1-16　余荫山房对联

边以深柳堂和临池别馆两座建筑为主，辅以“红雨”美景；东边以“玲珑水榭”居中，环绕桂花、腊梅等树，再加上园林北面的树菠萝和凤眼果树，浓荫蔽日，犹如绿云遮盖。

清晖园“竹苑”，正门书写对联“风过有声留竹韵，月明无处不花香”，苑内道路两侧花池内种植翠竹，园主以竹子通直、虚心的风格警示后人，要像竹子一样正直向上，虚怀若竹，才能富足长久，同时也恰当地道出苑内清净幽雅的景色。过洞门回望，门上方塑有“紫苑”二字，两旁装饰着灰塑绿色芭蕉叶，叶上刻有“时泛花香溢，日高叶影重”对联（图1-1-17）。

图1-1-17 清晖园竹苑

2. 布局

（1）选址

《园冶》云：“园基不拘方向，地势自有高低；涉门成趣，得景随形，或傍山林，欲通河沼。”选址是造园的第一步，也是极其重要的一环，包括园址选择、利用和改造地形地貌等。如清晖园建设时地处顺德南郊，远离闹市，僻静而悠远，四周视野开阔，三面环山，但现如今四周高楼大厦林立，大大阻碍了视野。

（2）分区与布局

对景观做功能与特色分区域布局是园林规划的主要内容，也是景观与空间设计的前提，岭南传统园林规模通常比较小，且多数是和居住建筑结合在一起，功能也以适应生活起居要求为主，适当结合水石花木，增加自然气氛和观赏价值。一般来说，岭南园林的空间是以建筑空间为主，山、池、树、石等园林景物从属于建筑。

岭南园林布局大致有三种：①建筑绕庭即建筑物沿园的四周布置，并以建筑物及廊、墙形成一个围合的空间布局方法（图1-1-18）；②前庭后院，前厅后院或前庭后宅，住宅大都设置在后院小区，自成一体，宅居和庭院相对独立，各自成区，但没有实体墙间隔，庭院和住宅区或用洞门花墙、或用廊庭小院、或用花木池水间隔；③书斋侧庭布局，书斋是岭南一种独特的建筑类型，顾名思义就是为了读书而建的一种具有居住功能的住房，简称为“斋”，它通常与住宅、庭院结合在一起，小型书斋依附在住宅内，位于住宅的侧边，称作书偏厅，书偏厅前面布置有小型庭院，用地紧凑。

图1-1-18　清晖园水榭、走廊沿庭院四周布置

3. 空间营构

空间是庭园艺术的主要表现内容之一，它通过划分、组合、联系、转接和过渡等手法来取得艺术效果。对空间划分来说，要求是既隔又连、灵活通透、富于变化。而空间的形状、大小、开合、高低、明暗以及景物的疏密，会产生一种连续的节奏感和协调的空间体系。

（1）空间形态

岭南园林是一种以建筑围合的庭园空间，在岭南庭园或庭院中，围合的形式有多种多样，四合院形式的庭院多出现在岭南一些较为正规的建筑组群里，如寺庙道观、祠堂书院等（图1-1-19）。

另一种类型是以建筑物与廊，建筑物与墙垣或建筑与廊和墙垣三者相结合形成庭院或庭园，这种形式在庭园中运用较普遍（图1-1-20）。

图1-1-19　德庆孔庙四合院

图1-1-20　清晖园建筑与廊、墙垣

（2）空间序列

为了与园林中各景区不同主题相互对应，园林内容的空间形式往往也多种多样，处理手法也有很多变换，但一般来说整个园林空间的组织与安排要有主从次序，并有前后顺序，既要突出主体空间的要义，也要兼顾从属空间的特色，一般而言，岭南传统园林主张空间的交融和流动，强调动态的游赏，人们往往是通过步移景异的方式来欣赏徐徐展开的立体画面（图1-1-21）。

图1-1-21　梁园步移景异游览路线

（3）空间对比

庭园的空间艺术处理手法之通过空间形态的对比，包括空间的形状、大小、封闭、开敞、渗透等来取得效果，它不受轴线或几何图形的限制，随着地形或环境的变化，灵活地创造出各种丰富多彩的庭园景色。

大小对比：两个大小显著不同的空间连接在一起，当从小空间进入大空间时，由于前者的衬托则显得后者更为阔大。

封闭开敞对比：通过封闭和开敞形成对比，两个相邻空间内的景物彼此渗透、相互因借，形成一种园内有园、景外有景、变化绝妙的局面，如通过连廊、洞门、漏窗等，从一个空间窥视另一空间内的景象（图1-1-22）。

不同形状对比：对称规则的布局气氛严整，而自由随意的布局则轻松活泼。岭南庭园的平面与空间形态较为规整，为了获得轻松活泼的气氛，庭园中多通过

图1-1-22　清晖园相邻封闭开敞对比

图1-1-23　清晖园几何形状水池与自然形态假山、植物

植物和山石造景来达到轻松清静和幽雅活泼的效果，自然形态生长的植物和几何形状的建筑庭园空间又形成了一种新的对比（图1-1-23）。在建筑物的疏密分布上，岭南园林一般有显著的对比。由于建筑物多集中于园内的某一个部分，因而在建筑物较少的地方就可以用来堆山叠石或设置较大的水池，从而造成浓郁的庭园气氛。

（4）时空转换

园林既是空间的艺术也是时间的艺术，其特征在于园林空间本身具有时间特性，即时空之间转换的特性。园林空间的艺术魅力在于它不但为人们提供一个可供使用的空间环境，还同时为人们插上了联想和想象的翅膀。一方面，园林空间通过造园家的意匠，可以化有限为无限，完成景中之远与意中之远的互动，另一方面，园林设计又可以通过时空穿越和时空转换，将时间挤压、浓缩、凝固，也可以反之将时间延长、扩展。梁园寒香馆入口的小径、石桥与入口对比，给人以无限的遐想（图1-1-24）。

图1-1-24　梁园寒香馆入口

4. 造景

岭南传统园林的功能以适应生活起居要求为主，适当地结合一些水石花木，增加内庭的自然气氛和提高它的观赏价值。因而一般来说，庭园的空间是以建筑空间为主，山、池、树、石等景物只是从属于建筑的，造园家将石、水、建筑、植物等元素进行有机的组合，编制成清新的画面，构筑成奇幻的空间，创造出赏心悦目、畅志驰怀的景观。

（1）汇景

汇景是穷尽一切造园手段，在有限的空间汇集多种景物而构成丰富的景观，或形成丰富的画面或产生丰富的联想，或包含丰富的寓意，有时候是在一园中容纳多种景致，有时是在特定空间融入多种景物，有时是在一种景物中包含多种形态，有时是将数种景物组合在一起营造特定的景象，这些都可视为汇景的做法（图1-1-25）。

图1-1-25　梁园水榭汇景

（2）对景

对景是位于园林轴线及风景视线端点的景，对景的设计，使两处景点互见，相映成趣。对景是指从甲观赏点观赏乙观赏点，从乙观赏点观赏甲观赏点的构景方法，是设立景点时需要特别考虑的一种造景技艺，人们在游览动线上的行进是有节奏的，在景观游线的节点上必然要相应设置可供观赏的景物，然而这种观赏不仅是指单向赏景，更要强调作为休憩、观赏的节点本身也是可供其他景点游赏的对象，由此获得双向互动，并构成动游和静观的平衡，这种考量也是对人们景观心理的关照，这种构思的实现往往是得益于人们运用对景的手法。经典的对景是景观画面相对，其中每一方既是观赏点，又同时是被观赏的对象，使游人既在画中又在画外（图1-1-26）。

图1-1-26　梁园对景

（3）借景

《园冶》有云："夫借景，林园之最要者也。如远借、邻借、仰借、俯借、应时而借。"岭南传统园林因自然条件有限往往用地狭促，以致园中景物偏少及园景整体尺度偏小，又因为要设置边界，缺少自然野趣，这时需要尽可能采用借景的手法来改变或规避空间受限的缺陷（图1-1-27）。

图1-1-27　余荫山房邻借

（4）障景

图1-1-28　清晖园障景

障景又称“抑景”，在园林入口处设置山石或其他景物，适当藏住园中风光，抑制视线，亦能引导观赏者转变观赏路线。障景是为了扩大景深，营造不同的景域，或为了创造深邃、神秘的空间氛围而使用的一种造景手段。障景有实障和虚障之分，实障是使用硬介质分隔景区或景域，如墙、建筑、山石等，以便产生截然不同的空间气象；虚障是采用软介质如水体、斜坡、植物、空廊等分隔景区，形成似隔非隔、若隐若现的效果（图1-1-28）。

（5）框景

框景将景色用画框框起来让人们欣赏，多是刻意为之，目的是不让景色遗漏，特别提醒游人驻足品赏，所谓画框实际是指建筑的窗框、窗洞，或门框、门洞。

图1-1-29　余荫山房框景

框景实际上是借用门窗作为剪裁的手段，将景色进行取舍和提炼，然后在画框中呈现出来，是一种精致的造景技法。框景是园林造景艺术中十分常见的手法，即有选择地将园中好景摄取到景框中来，充当景框的可以是洞门、空窗、石洞、乔木的枝干等（图1-1-29）。

图1-1-30　清晖园漏景

（6）漏景

漏景是从框景发展而来，利用花窗、漏屏风等，透风漏景，使景物影影绰绰，似隔非隔，不能全现其貌，从而营造出含蓄隽永、惹人低徊的意境。框景景色全观，漏景若隐若现，含蓄雅致。漏景可以用漏窗、漏墙、漏屏风、疏林等手法，透过景色的闪烁变幻产出无尽的观赏情趣（图1-1-30）。

（7）点景

点景是一种最单纯最直接的造景手法，具有绘画性和平面化的特点，点景分为两种，一种如绘画中的画龙点睛，在空间留白处设置小景，有时与对景、框景结合使用，或有重叠，起到丰富画面、增添情趣的作用；另一种点景的做法是在小庭院的一角一隅、小径的转角、游廊的转折之处等加以点缀，构成小景（图1-1-31）。

图1-1-31　清晖园灰塑点景

（8）隔景

利用粉墙、游廊、篱落等划分空间，分隔景区，使得庭院内外景色迥异，这种造景手法叫作隔景。隔景重在“隔”，隔出庭院深深的深致，隔出柳暗花明的幽趣（图1-1-32）。

图1-1-32　顺德和园隔景

第二节　岭南传统园林建筑

岭南传统园林建筑一般又称住宅式庭园，庭园内的住宅在布局中注重建筑的朝向、通风条件和防晒降温等因素。岭南的传统园林因用地环境限制，园林规模一般较小，建筑和庭园密度高，其中主要的原因在于两个方面：一是珠江三角洲经济发达，对土地需求相对紧俏，造成用地规模受较大限制；二是受当地气候影响，岭南地区夏季炎热多雨、台风肆虐，冬季潮湿阴冷，因而建造者常利用建筑与廊墙连接的方式来组织庭园空间，产生了两种主要庭园式的住宅布局：前疏后密式，即园林设在南面，住宅设在北面，前后院以洞门花墙、廊亭小院、花木池水相连，形成良好的通风；连房广厦式，即具有居住功能的建筑物沿四周成群成组布置，围合成院落或庭园，一可减少风暴侵袭造成的灾害，二可利用建筑群产生的阴影来遮荫避晒。

一、岭南园林建筑布局

岭南庭园主要分布在广东、广西南部和闽南等经济富裕且文化水平较高的地方，如广州、潮汕、泉州和福州等地。然而，由于各地文化的差异，庭园布局也有所不同。岭南庭园布局大致有下面四种：建筑绕庭、前庭后院、书斋侧庭和前宅后庭。

1. 建筑绕庭布局

建筑物围绕着庭院的布局方式是常见的一种园林布局，其布局方式主要是用建筑物和走廊、围墙构成一个封闭的空间。其特征在于：在极其狭小的空间里，大量的建筑物被安排在一起，而不会显得局促和拥挤。苏州的小宅院中也都应用这样的布置方法。苏州园林与岭南庭园相比，其建筑群的封闭性不如岭南庭园那么强烈，通常是在园林的一侧或两侧设置房屋，其封闭式的房屋主要是用于普通的游憩和观景。岭南庭园因其占地较少，往往在庭园的园林边缘地带将带有住宅的房屋按群落排列，形成“连房广厦”的园林空间，将庭园空间与住宅的生活环境有机地融合在一起。

在岭南园林中，为了获得更好的透气效果，往往会有相对开放的庭园，而房屋围着庭园而建则可以实现这一目标，所以，建筑围绕中心庭园建造是岭南庭园空间设计的一大特点。“连房广厦”的布局，使园林面积不大，却因石沼桥廊，古木花藤，而使园林更显清幽、独具情调，呈现出“满院绿荫人迹少，半窗红日鸟声多”的园林特色。岭南庭园中的园林设计，讲究实用性，园林中的主体建筑一般都朝南。这样的设计不仅是为了实用性，也是为了强调建筑的重要性。为了营造出一种幽静的氛围，厅堂之类的主要建筑，一般都会被安排在花园的后面，比如东莞的可堂，就在庭园的北边，进了庭园，经过几个拐弯的小路，穿过极具造型特点的狮山和拜月亭后就可能看到可园中的主要厅堂——可堂。而可园中则有两个楼层高的“雏月”游廊及居所“绿绮阁”，亦位于后方的“壶中园”及“问花小院”中。庭园的回廊连接着各个楼阁，把庭园分成几个独立的小块，使人不用出门，就可在可园的各处建筑中欣赏风景。岭南地区的广州“小画舫斋”和东莞“可园”等是建筑绕庭布局中极具代表性的庭园。

2. 前庭后院布局

前庭后院也是岭南庭园中的一种常用格局，庭园中的房屋多建造在后院。居住建筑和庭园园林都是分开的，两个空间各自独立存在，但是二者之间并没有实体的墙壁。庭园区和居所区之间的空间，或是以亭廊小庭院，或者以洞门花墙，或是以树木和池塘来分隔。庭院作为住宅的一部分，在布置上比较松散和开敞。这种住宅建筑的格局以四合院的形式为主，它的空间结构更紧凑，但是更有弹性和自由度。岭南庭园式的民居建筑的设计特征主要体现在对地域气象因素的充分重视，所以对于岭南庭园房屋的设计特别注重房屋的朝向、通风条件以及防晒降温等方面。庭园一般位于南侧，居住建筑则位于北侧，前低后高。这样的设计很好地促进了空气的流通，正面花园就像是一个巨大的开放的空间，夏天的凉爽的空气一直被送到后面的居住建筑中。尽管庭园后面的居住建筑很多，但是通过露台、柱廊、天井、开敞厅等形式，可以让夏季的季风穿透整个庭园后面的居住建筑。而且，由于后院的密布，建筑的墙壁、窗户和天井都会被适当遮蔽，从而降低了光线的照射，这样的设计非常适合南方人居住，可以让他们拥有一个舒适的居住环境。比如顺德的清晖园、潮阳的西园，就是如此布局。

3. 书斋侧庭布局

书斋庭园是专门供书斋使用的庭园。“书斋”是岭南特有的一种建筑形式，它的名字意思是指人们用来阅读和生活的房屋，因此，它被称为“斋”。通常是和住宅以及庭园相结合。一间小小的书斋，坐落在庭园的一侧，名为“书偏厅”。书斋的正前方一般是一个小型的院子，占地面积很小，广州西关很多比较大的住宅都有书斋，它们的布局和普通住宅建筑差不多，并没有什么特别之处，只是装饰得更加精美。

书斋大都紧挨着住宅，书斋的面积比较小，住宅的面积比较大。书斋和住宅之间有一道墙壁，由过道相连，这样的书斋布置，在粤东的园林中比较常见。书斋的设计也取法于天井式民居的设计，但更具弹性和随意性，不拘泥于规则和对称的设计形态。其结构可分为三个部份：入口、厅堂和后院。因为书斋讲究清净，所以很少有人直接走正门到书斋的，大部分人都是从侧门进去的。书斋的厅堂相对于书斋的其他空间来说比较大，里面不仅有书籍，还有茶几椅子，供客人品茶和交流。书斋庭院的形状，大小都是灵活丰富的，庭院的通透性较强，通常采用敞厅、连廊、通花墙等开敞的建筑物或小品围蔽。书斋的庭园中，有流水、有山石、有花草，很有情调。粤东的书斋庭园，比起粤中的私家庭园中的书斋来说面积要小得多。因为面积较小，景致不宜过多，也不宜过大，在花草树木的布置上，往往运用较小的尺度，小巧精致。庭园的风景主要是“静观”，一池一山，一池一桥，一亭一桥，花园虽然不大，却富有变化，阅读之后，在庭园中歇脚，会觉得心情舒畅，庭园的周围，一般也很宁静，很符合书斋的使用需求。如潮州的饶宅秋园、辜厝巷的书斋庭园等，就是如此布局。

4. 前宅后庭布局

在福建地区，大多都是前后两个院子，和江南私家园林很像，都是以宅院为主，而在住宅的后方，则是花园。以住宅为主体的庭园，大多采用了中轴对称的设计方式，而且较大的住宅可能有多条轴线，穿过严格的、对称性较强的天井，在某些住宅的后方或侧面，往往会意外地有一个可以随意布置的小花园。比如福建古田张宅，就是纵深相通的布局，庭园被分成了两个区域，前部以住宅院落为主，并列三条纵向轴线，有主次之分，中间为主轴线，左右为次轴线。而后面的庭园就有更灵活的布置，通过轴心的方向转换，使庭园的轴心与纵轴互相垂直，中间两边各有一个小花园，起到了前部和后部的衔接作用。古田张宅由几个不同功能和特点的庭院组成，形成了一个简单的方形住宅，布局基本对称，宏伟却又不显得单一，严肃却又不显得死气沉沉。

5. 岭南庭院空间

岭南庭院用建筑物围合庭院形成庭园空间，而岭南园林或院落，其包围的方式也是千差万别。“四合院”这种庭院形式主要分布于“官署”“寺庙”“道观”“祠堂”“书院”等相对规范的建筑群中。在“四合院”这种最基础的建筑形态之外，也存在着其他几种不同的建筑形态。比如用墙壁和住宅组成一个院子，比如东莞的“问花小院”。而“壶中园”是用墙壁和建筑物所组成的院子。用此法建造的院落，往往更具封闭性，院落的外形也更有规律，多呈四四方方的形状或长方形。天井的大小，主要是根据房屋的长短来决定，还有一种方式，就是将建筑与建筑用连廊相连，或者将建筑、连廊和墙壁三个部分组合起来组成庭园。这样构成的庭园，一般都比较开放，形状和大小可以根据自己的要求随意改变，岭南的庭园，大部分都是这样，不但形状和大小可以改变，就连封闭和开敞的程度也可以按照自己的意愿随意改变。另一种则是利用天然地势或岩石构成的庭园，例如汕头市澄海区樟林西塘的书斋庭园。

岭南庭院，就院落的组合形态而言，又可分为单一院落、并列院落、串联院落、错列院落和合成院落。岭南园林中的“庭”，根据其组成，主要分成三种类型：第一种是平庭，就是庭园的地面平整，有低矮的石板，有花坛，有庭木，有花圃，大部分都是人造的；第二种是水庭，庭院在空间上主要是水体，在土地上所占有的比重很小；最后一种是石庭，石庭的庭园空间的地形稍有坡度，庭院内部以散乱的石头群落与灌木相结合，或建造更大规模的石泉假山等方式来进行组织。

岭南庭院在建筑设计上具有较强的地域特色。例如，番禺余荫山房运用了几何图形的平面布置，将两处水庭院并列，一处呈“回”字形，另一处呈正方形。而东莞可园却采用了“连房广厦”的布局方式，将一栋栋房屋集中于一座大型庭园之中；院子里的空间排列和组合，就好像是一个小型的街区，和以前的单幢建筑通过一个回廊串联连接起来的格局形成了鲜明的对比；一条开敞的长廊也是广东园林中与天气环境相适应的一种风格，弯弯曲曲的长廊，将园林中的厅堂、楼阁、亭榭联系在一起，不仅可以遮阳避雨，还可以将园林中的区域分割开来，增添了景观的层次感。而园林式的居所，往往建在园林幽静、幽雅的地方。清晖园的后花园居所“归寄庐”，则以芭蕉灰塑装饰的垣墙洞门与正厅的休闲聚会区分隔开来；在“归寄庐”旁边，另有一座假山“斗洞”，在这寂静的地方，平添了一份幽静。可园的住宅“绿绮楼”，位于可楼东侧，为一座二层高的阁楼，亦以庭院相隔，自里面看去，只见一座雄伟的狮石假山，外面则是可湖；在这座不大的花园中，有一座小池塘，有一座小桥，有一座半亭，虽然规模不大，但造型精致，可以让虽然不大的可园充满了变数，让人赏心悦目。

二、岭南传统建筑类型分类

岭南传统建筑为了适应各种功能的需要，必须采用各种类型的结构，比如厅堂适合集会，阁楼高台适合远望，斋馆小院适合休息，亭榭适合休憩和观赏，长廊适合漫步游览。简而言之，在庭园中，不同的生活状态对应着的建筑功能空间也会不同。因此，这些建筑物的建筑造型会根据各种用途需要而有着其特有的形态和处理方式，从而形成了起伏变化、丰富多姿的建筑空间。

1. 厅堂

厅堂是庭院建筑群的主要组成部分，像群星草堂和西塘这样的小型园林，厅堂仅为三个房间；而更大型的庭院，通常由一系列的大厅组成，由正厅与对朝厅组成，形成一个单独的院落，例如，在泮溪中，由正厅与对朝厅和门口厅组成了后院。

（1）厅堂在庭院中所处的位置

厅堂通常设置在庭院入口与庭院主要景观的中间，是进入庭院主体的一个过渡性场所。人们会先穿过较为华丽的大厅，再走进充满自然气息的庭院中心，增强了各种不同场所之间的体验对比，从建筑空间过渡到了自然空间，这会让人觉得眼前一亮，心情舒畅。除主厅本身有单独的庭院之外，其他的一些偏厅都与庭院融为一体，成为庭院景观的一部分。比如西园的花厅，就是两个庭院之间的一种衔接。庭院中的正厅，通常与平坦的庭院相配，突出了建筑物的整齐和富丽堂皇，是庭院中主体景观的序曲。但也有将正厅与水庭院相配合而设置的，如余荫山房的主厅和倒朝厅。

（2）建筑形体

一些重要的且比较大型的厅堂总体上呈矩形，也有少数小型大厅，采取其他形式，例如：可园亚字厅（双清屋），余荫山房八角水厅西塘的花厅，前面是“抱印亭”，后面是“过墙亭”，形成十字形的布局；西园的船厅，因为地势的原因，却是呈阶梯状。厅堂的正面设计，通常都是“宏敞精丽”。

2. 船厅

旧制的舫，是由三个长方形的开间所组成的船形建筑，背靠着山壁开一扇门，小巧玲珑，坐在里面，就像在湖面上划船一样。岭南园林的船厅是以“舫”为基本形态而建成的“船厅”，是由舫、船房、船楼等组成的建筑总称，其特征是以“楼船式”为主的两层楼，并不是全部都临水而建的。

（1）船厅庭院中所处的位置

船厅通常都是围绕着庭院而建，形成了庭院的边界，而有些在庭院的外面，则是一片房屋和一条街道，没有任何风景可以利用，所以船厅只能作为庭院和外部空间之间的隔断。有的与相邻的庭院相连，比如清晖园，它的船厅后面就是楚湘花园，彼此可以借用对方的风景。除此之外，还有的庭园外有一片水景，如西塘和可园的船厅外面临靠一片水景，而荔香园（被毁）和小画舫斋的船厅，却是在一条小溪旁，远远望去，就像漂浮在溪流上的游船。船厅设置在庭园景观中的，如群星草堂船厅，其建造在平庭和水庭之间，起到分割空间区域的作用。正如其名，船厅的建造环境应以临水为佳，以上提到的船厅就属于此种。但也有一些船厅，并没有太多的水面，有的只是“靠山”，有的只是一些具有象征意义的水面，有的则完全没有，比如广州西关兴贤坊十号里的船厅，就是一个作为不依附于所谓的水面而存在的建筑。还有一些寺庙园林的船厅，比如西樵山下的白云洞，它的特色在于临崖，而不是临水。

（2）建筑形体

从这些例子中可以看出，船厅大致可以分为三类：船房、舫屋和船楼。

①船房是一种狭长的扁平房屋，比如白云洞的“一棹入云深”，因为它靠着

悬崖，背靠着山庭，为了避免挡住亭子的视野所以更适合建造成像一叶扁舟的船厅。白云洞的船厅四周环绕着卷棚走廊，飞檐高起，颇似蝴蝶厅的作法，这在岭南园林中并不常见。

②舫屋：群星草堂的船厅，就是这种类型的舫屋，前面是平屋，后面是阁楼，看起来更像是画舫。但这座建筑，却不是依山而建，造型古朴，没有经过任何雕琢，就像是一座横塘废宅。

③船楼：岭南园林中使用最多的一种类型，其形态以“楼”为主，但其布局及营造的环境则为“舫”，其功能则为“宴席”，与“厅堂”相似。有些园林，既没有楼，也没有阁，或者楼阁不够轩敞精丽，比如清晖园，船厅就是其中的佼佼者，装饰精美，同时也起着楼、舫和厅几种作用。

3. 楼阁

楼阁在庭院中的功能，以登楼、远眺、休憩为主，并形成高低起伏的形体，而飞楼杰阁，则在满足了功能需求的基础上，还要能够为庭园增加景色。

（1）楼阁在庭院中所处的位置

楼阁是园林建筑的重要组成部分。楼阁的设置，一是为了拓宽庭院的面积，二是为了弥补地势的缺陷，大部分楼阁都是建造在庭院与外部空间之间的交界处，并且作为庭院的边缘界限。当庭院外部有可借用的景观时，楼阁则是庭院内部和外部景观之间的一个过渡性的场所，由其对周围的环境的映衬，可划分成若干种形态。

①平庭院中的楼阁：像可园这样的庭院，因为前面要矮，后面要高，所以《园冶》有说：“依次定在厅堂之后”，不过北园新开的主楼，为了满足群众的使用需求被作为大厅，所以被安置在庭园入口与庭园主景之间以做一个过渡空间。

②临水建楼：必须有一个相对宽阔的水域，不然就会形成一种狭隘的空间，新会城圭峰招待所的主楼是临水建造的，在靠近湖泊的地方，有大厅，有长廊，有凉亭，有平台，高低错落，很有层次感，也有一些越过了水面。建筑坐落在平庭和水域之间，起到了一个过渡性的作用。

③楼阁与水石景结合：此法的特色在于将石景空间与建筑空间相融，令人误认为楼阁是建立于山丘之上，并于水石之间形成数个不同的空间。

（2）建筑形体

楼阁的造型除船楼外，有下列几种形式。

①单幢建筑物：根据其功能用途可以划分成若干类型。

重房式厅堂是一种两层的厅堂，适合于大众的需要，上面和下面都是大厅，比如北园的大厅，就是“三间两夹”的布局。

斋馆式小楼通常与内院或水、石相配，外形小巧精致，如可园的绿绮楼和道生园的小楼等；道生园小楼靠近池塘的地方，有两个开间，一个开间在前面是一个敞开的大厅，另外一个开间在后面是一个回廊，一前一后形成了一段曲廊，上方是一个移动的木百叶，用来遮挡阳光，装饰简单大方，平面布局不对称，但也很别致。

②群落型“迷楼”：庭院的楼阁多以单独一座为主，庭园建筑中那些被称为“连房广厦”的组群建筑，也许就是受到舶来文化影响形成的。可园的亭台楼榭群组，是我国园林中少有的一种类型。由可楼、绿绮楼和可舟等三部分组成，其中4层高耸的望楼，婀娜幽深的小楼，以及明快通敞的船楼，它们共同形成了整个园林空间的主体。

4. 亭榭

大厅和阁楼，与人类的生活息息相关，庭院可以用到，在宅第民居也是必不可少的。而“奇亭巧榭”，本质上是一种观赏性质的建筑物，其主要作用是休闲游憩，自身又应该是一种极佳的观赏对象，所以其设计和形状必须与周边的环境协调一致，并与之有一定的关联度。就实用性而言，亭和榭在使用上的需求是相通的，只是艺术境界、装饰处理以及营造环境等各有差异。亭榭的位置可以随意挑选，要开阔，而亭榭的名字，却要更加隐蔽，这就是“花间隐榭”的意思，就是一个“隐”。亭通常都是开放式的，榭大多都是借助屋檐而建，大多都是封闭式。

（1）亭榭在庭院中所处的位置

庭院中的亭榭，因为其体积比较小，所以在划分、限制和过渡等方面的作用并不明显，更谈不上是庭院景观的空间界限。它只是一种地标式的建筑，用来引起人们对其存在和环境的关注。比如，将其建造于峰巅，就是要凸显其位置的高耸与陡峭，从而达到互补的作用；临水造亭则是打破水面的单调感，放大了空间的波澜反差，显示出亭子的功能。

（2）建筑形体

岭南传统园林亭榭建筑风格以四角、六角、八角、圆形等为主，比较罕见的是汕头中山公园里的“三角楼”，以及广州西关八边形的二楼 “阁亭”，与平常风格不同。清晖园的亭榭，无论是建筑、装修还是整体的造型，都非常精致。潮汕地区亭榭，大多采用挑梁结构，梁底以顶棚密封，也常利用“断山”造亭榭，如西塘壁山“六角拉”长亭。岭南亭榭多为单檐拱形，而潮汕地区的凉亭，不管是大是小，都倾向于采用双檐拱形。

5. 廊

原本廊只是建筑的一部分，但是随着造园的发展，它被充分地利用起来，变得狭窄而细长，成为了庭院中的一个重要组成部分，它构成了庭院的空间边界，也成为了处理空间结构最有效的方法。长廊的布局，是根据庭院的行进方向，有意与地势相结合，“依形而弯，依势而弯”，把庭院中的各种景观都组织了起来。因为长廊与庭院紧密相连，所以它自己也是时隐时现，时高时低，穿插在水、石、花、树等景观之中，构成了庭院景观的一部分。岭南园林中，廊檐下的装饰很少用到挂落，多用“虾公梁”，也有用到攒角。

6. 桥

在庭院景观的整体格局中，桥梁并不是庭院景观的边界，它只是起到隔断水面，沟通交通，装饰景观的功能。

（1）桥在庭院中所处的位置

根据所涉及的各种水面的关系，桥梁的布置环境可以划分成以下一些类型：

①水池上方的曲桥：水池上方的曲桥将水池的表面分隔开来，形成大小不一的水池。一小块水域，与一大块水域形成了鲜明的对比。这样的桥面是弯曲的，人在上面行走时需要拐弯前进，这会使得水面看起来更宽。曲桥弯曲的地方以“之”字形为主，尽量避开方正的“号”字形。

②河涌桥：在没有水域或者小溪的庭园可以将江涌水引入庭园，并在庭园内设置一座桥梁，让人们在来来回回中感受到过江的乐趣。这种河涌式的桥梁，大部分都是连接在建筑物的入口处，比如可园的渡拱桥。

③山溪小桥：潮州庭院中的山水景观，多以“山溪之境”为主，以石头为

界，依河而建，在“山”与“河”之间而建。

（2）建筑形体

岭南庭院中所见到的桥梁，虽然样式各异，但品种并不多，大致可分为以下几类。

①拱桥：在水上或平庭上，为突出行进线路的跌宕起伏，常使用小型的拱形桥梁。因为庭院面积不大，跨度很短，而且都是单孔的，所以，群星草堂、余荫山房、可园等都采用了一条平整的道路，再加上一座小拱桥，以增添一种起伏的感觉。这个小型的拱形结构的桥与其他的拱形桥区别在于，它的台阶从桥的一端开始，一直伸级到拱的顶部。

②石板桥：石板桥有曲的和直的两种，曲桥应依建筑所在地点和地势而定，例如泮溪的曲桥为“之”字形为不规则形状；直桥大多只有一孔，有一些用石头砌成非常柔和的圆弧或尖拱形。

③板桥：木桥在外形上较为灵活，通常为单孔且用厚实的木板，而多孔的多用梁钉子的木板。长桥为了降低成本，也可以采用木桥，而且还具有一些艺术价值。如惠州西湖长桥，其营造的已经颇有宋画“长桥卧波”的感觉。

三、典型岭南园林建筑

1. 余荫山房

余荫山房占地面积1598平方米，空间布局紧凑，呈几何形、规则式布局。全园以水为中心，坐北朝南，分东西两区，以八角形水池、桥廊、长方形水池横贯东西，形成庭园式东西主轴，主体建筑绕水庭布置，主景沿轴线设置。东面以八角水池为中心，围绕着闻木樨香水榭；西面是一方水池，浣红跨绿廊桥跨两池而飞架，将水景分为东西两个部分，方池南北分别是建筑物深柳堂和临池别馆，整体曲折幽深，高低错落。建筑形式有繁有简，与山、石、池、桥搭配自如，局部采用砖雕、木雕、石雕、灰塑等岭南传统建筑技艺进行精细雕刻，兼具实用性和艺术性；植物配置采用岭南地域乡土植物，结合散置式英石叠山划分空间，构成整体，处处成景，给人以清幽雅静之感。

余荫山房总平面图如图1-2-1所示。

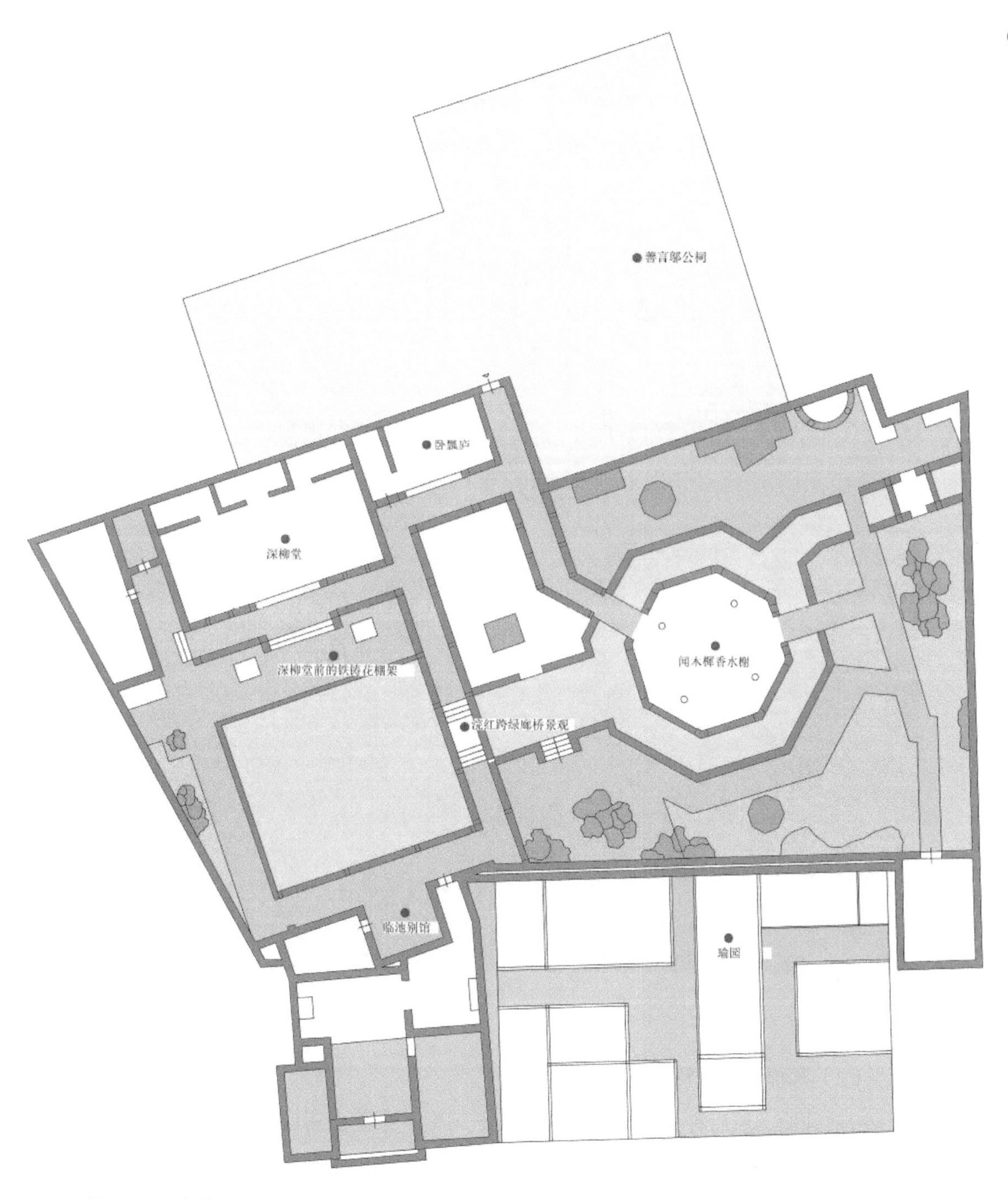

图1-2-1 余荫山房总平面图

（1）浣红跨绿廊桥

浣红跨绿廊桥造型独特经典，在岭南园林建筑中独树一帜，桥廊高于堤廊，造型类似歇山。桥廊全长仅为20米，巧妙地将桥、廊、亭、栏构成一体，桥廊、半圆拱桥及倒影与水中睡莲构成一幅美丽画面，精美雅致。廊桥将园林分为两个部分：西边的红雨，东边的绿云。建筑围池塘而建，凸显了“以水为本”的庭园格局（图1-2-2）。

图1-2-2　浣红跨绿廊桥

（2）深柳堂前的铸铁花棚架

房前种榆、屋后种桑是中国建筑的传统习惯，余荫山房深柳堂前种植两棵柳树，既体现了余荫山房与中国传统建筑的相同特点，由于“榆”与“余”谐音，也表达了植物配置的内涵。一株园主亲手种植的炮仗花攀爬在深柳堂前的铸铁花棚架上，待花开时节，一串串形似炮仗的花朵下垂，挂满整个棚架，好像红雨一片，艳丽动人（图1-2-3）。

图1-2-3　深柳堂前的铸铁花棚架

（3）深柳堂

深柳堂是园主会见客人的场所，其名来自于唐诗“闲门向山路，深柳读书堂”，是一座歇山式建筑，也是园子的主体建筑。深柳堂的外面是宽阔檐廊，下台阶可到池塘。堂外表华丽美观，堂内装饰精彩绝伦，极具岭南建筑风格（图1-2-4）。

图1-2-4　深柳堂

图1-2-5　临池别馆

（4）临池别馆

临池别馆本是书斋，为硬山式建筑，前面是一个四方的荷花池。古代文人把墨砚叫做“池”，蘸砚挥毫叫做“临池”，故以“临池”二字为其名字，确属妙不可言。临池别馆外观造型别致，内部简单朴素，和深柳堂对照鲜明。廊檐上的对联写着：“别馆恰临池洗砚有时鸥可狎，回廊宜步月寻诗不觉鹤相随。”为了体现岭南民居“遮阴避雨”的功能性特征，临池别馆的前檐廊都很深。檐廊的顶棚和檐廊的横梁上都有“肥”字形的花纹。“肥”字寓意幸福不断，财富绵长（图1-2-5）。

图1-2-6　闻木樨香水榭

（5）闻木樨香水榭

闻木樨香水榭又称为“玲珑水榭”“八角亭”，是八角卷棚歇山顶建筑，可八面观景，是园主人诗钟文酒，吟风弄月之处。亭身八面均设有细密花格长窗，玲珑剔透，亭内有“百鸟归巢”通花木雕大花罩。亭中八檐四柱，厅中八檐四金柱，皆为坤甸木制，极具艺术价值（图1-2-6）。

闻木樨香水榭造型华丽美观，玲珑通透，景中有景。身在亭内，可观赏八面景色，丹桂迎旭日，杨柳楼台青，蜡梅花开盛，石林咫尺形，虹桥清晖映，卧瓢听琴声，果坛兰幽径，孔雀尽开屏。

（6）善言邬公祠

善言邬公祠建筑的承重体系主要采用抬梁式木构架结构，就是屋瓦铺设在椽上，椽架在檩上，檩承在梁上，屋顶部分的重量主要由梁柱承担，再传给基础。这种结构开敞稳重，用柱较少，使建筑物内部有较大的使用空间（图1-2-7）。

图1-2-7　善言邬公祠

（7）卧瓢庐

卧瓢庐为硬山顶风火墙建筑，是园主宾客憩息之所，室内虽然陈设简朴，但窗户设计别开生面。后排的百叶窗，通过摆动窗叶可达到通风采光的效果，经济利用空间。前排用蓝白相间组合的玻璃窗，通过玻璃层面的变换，使室外景色四季变换，给园林平添不少雅趣。

（8）瑜园

瑜园是园主邬彬后人于1922年添建的息居之所。它传承了岭南建筑风格，无论在建筑外貌上还是在室内装饰上都与余荫山房融为一体。园内迂回曲折，桥、亭、池、馆工艺精奇，门窗造型千姿百态。俯瞰瑜园，屋顶参差，高低错

图1-2-8 瑜园

落，树丛簇拥，花木争妍。瑜园为两层楼房建筑，面积435平方米，游人可以登楼游玩，俯览余荫山房的景色（图1-2-8）。

2. 顺德清晖园

清晖园占地面积约22000平方米，空间布局紧凑，南面为一方水池，旁边设有澄漪亭、六角亭，视野开阔，是园中主要的水景观赏区，约占整个园子面积的四分之一；中间由船厅、丫环楼、惜阴书屋、真砚斋等建筑所组成，空间开敞通透，为全园的重点所在；北面由竹苑、归寄庐、笔生花馆、小蓬瀛等建筑小院组成，竹石叠云，巷道幽深，形成园中有园，即大园包小园的格局和韵味，是园中的宅园景区。各景区通过池水、院落、花墙、道廊、楼厅形成各自相对独立，又相互渗透的园区景色。建筑种类丰富，风格以明清建筑为主，造型轻巧灵活，开敞通透，具有岭南特色；整个园林空间立面丰富，空间多变，由旷至奥，前疏后密，前低后高，具有很好的通风效果；园林植物群芳竞秀，种类丰富，实用与观赏并存；园林石山布局呈散置式，以英石为主材，逢园必有石，以石代替山，功能性和艺术性相统一。

顺德清晖园总平面图如图1-2-9所示。

（1）澄漪亭

澄漪亭在方池之西，是向池水伸出的水榭。亭子两侧的屋檐微微张开，仿佛要飞起来一般。正面有八扇屏风，外面有一个基台，和方池之间有三面疏透的围栏（图1-2-10）。栏杆上有木质通花花纹，色彩鲜艳，线条简单。亭子的重量大半都是由一块块石头在水底支撑着，在水面上显得飘逸。“澄漪阁”的窗上镶着“明瓦”装饰，这是一种很有当地风味的自然材质，以薄薄的海贝为原料，可透光性强，质地坚硬，更显朴素典雅。亭子临水的地方，有一副楹联：“临江缘由池沿钟天地之美，揽英接秀苑令有公卿之才”。此楹联由顺德均安人，清代大书法家李文田亲笔书

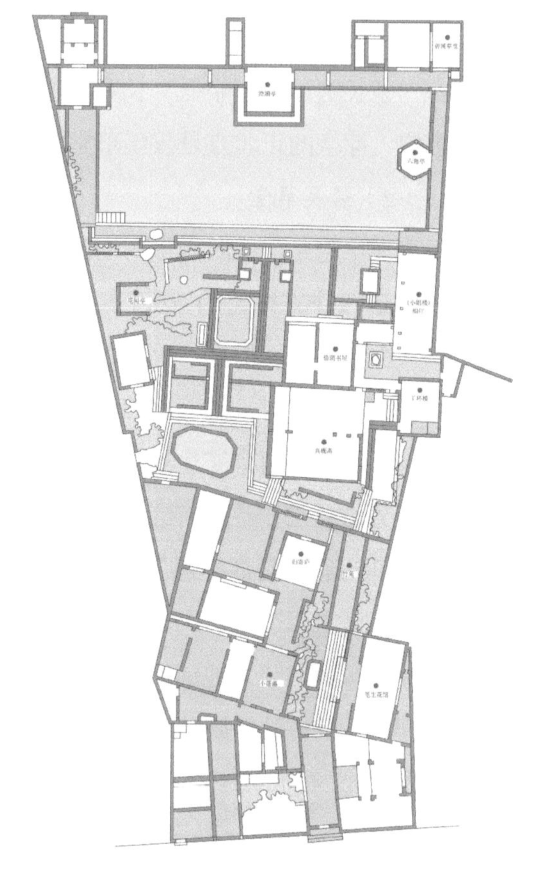

图1-2-9 顺德清晖园总平面图

图1-2-10 澄漪亭

写，后被破坏，现在悬挂在墙上的是广东著名书法家关晓峰所书。亭子的南北向各有一条长廊，长廊略低，长廊上有一条木质的通花，长廊面向池塘有镂空的木质窗户，凉亭的正北方是碧溪草堂。

（2）碧溪草堂

碧溪草堂是清晖园内最古老的建筑，是一座水磨青砖临水平房。草堂前面有两根方形石柱支撑起的宽大门廊，贴水边有固定长椅。因椅背呈流线型，方便赏湖人曲身款坐，俗称“美人靠”。草堂正面是“圆光罩”圆门，一幅镂空成一弯翠竹的精美木雕，工艺精细，形态逼真。门扇为屏门，上半部分装木棂，镶玻璃，下半部分镌刻有96个写法不同的寿字，俗称《百寿图》（图1-2-11）。

房外墙挂着一副百年前的阴纹砖雕画，青砖上有一根竹子，在风中轻轻摆动，上面写着“轻烟挹露”四个大字，砖雕题跋：“未出土时先引节，凌云到处也无心”，显示这是一个文人墨客重视名节、不求名利的时代。

屋内黑梁白瓦，地铺深红阶砖，门外石柱漆成赭色，给人一种肃穆的感觉。而碧溪草堂前方池塘则碧水云天，豁然开朗。

图1-2-11　碧溪草堂

（3）六角亭

沿碧溪草堂外池塘北侧回廊走数步，便是六角亭。亭的两边栽有水松两株，树干由水中耸立而出，苍劲挺拔，生机蓬勃（图1-2-12）。

凉亭门口的柱子悬挂有木刻对联："跨水架楹黄篱院落，拾香开镜燕子池塘。"亭子的三个靠近水面的侧面，还设有"美人靠"，可让游人在这里休息，欣赏美景。亭子坐落在池塘的正中央，由此望去，可以看到湖面上最深的风景。

图1-2-12 六角亭

（4）小姐楼（船厅）

船厅是整个园林的精华，坐落在方塘的东北边。这艘船没有船型，但实际上是模仿了粤中一带的"紫洞艇"的船楼部分的式样。相传，清晖园的主人，曾经有个心爱的女儿，于是专门为她建造了这座临水楼，用作她的闺房，故称为"小姐楼"（图1-2-13）。

图1-2-13 小姐楼

船厅分为两层，都是麻石地基，一楼对着池塘，庭院两侧是镂花透光落地屏门，二楼有一条开敞的走廊，四周围有木质的通透栏杆，靠近池塘，显得格外宽敞，称为"船头"。在"船头"的两侧是两个池塘，犹如大河上的一艘大船。左边的水塘旁，种着一棵沙柳，紧挨着大厅，象征着船舷的稳定。在沙柳的旁边，还有一株百年的紫藤花，盘绕在沙柳的周围，代表着船只的绳索。

船厅的上层有一排排窗子，组成了一条条精美的花纹，看起来十分精致。屋檐下面有灰塑彩绘图案，温暖而精致。镂空芭蕉双面图案的木雕落地罩将室内分成“前舱”与“后舱”。人在厅内，仿佛置身蕉林浓密、竹树蔽天的珠江三角洲乡野，即使是炎热的夏日，也顿生凉意。

（5）丫环楼

在船厅的后面，有一座“丫环楼”，占地面积较小，丫环楼与船厅（即小姐楼）之间留有较为宽阔的空间。从丫环楼到小姐楼有一条蜿蜒的空中走廊，走廊上有波浪状的围栏，与“船”的概念相呼应，设计得十分精巧。丫环楼与小姐楼相对，底层是半截镂空窗格的落地屏门，上层是半截窗户，跟小姐楼的风格保持了一致。其他三个方向的窗户都很小，大部分都是用青砖砌成的墙体，下方的雕花门也很窄，只能容纳一人通过，与小姐楼形成鲜明的对比。丫环楼、小姐楼和惜阴书屋的后面，是一座“天井”小院，中间是湖石和棕竹，还有一扇青瓷的窗户，用来扩大这个袖珍小院的观赏视野。

（6）竹苑

竹苑是一个长方形的四合院，在中部景区的西北方向。竹苑大门上挂着一副楹联：“风过有声留竹韵，月明无处不花香。”过了洞门回望，门洞上写着“紫苑”两个大字，两边都是灰塑绿色芭蕉叶，蕉叶上写着一首诗：“时泛花香溢，日高叶影重。”竹苑的地面，都是麻石，干净整齐（图1-2-14）。庭院的前半

图1-2-14　竹苑

段，右手实，左手虚：“实”指的是归寄庐的墙，“虚”指的是一片开阔地带，并与西北方向的一条长廊相连。麻石铺成的道路两边，种着一簇簇的竹子，阳光从左侧照进来，将竹子的影子投射到左侧的砖墙上。向前走几步，左侧的空地上，出现了一座房屋，空间变成了实体，右侧则是一座石山。在石山的右侧，有一条通往归寄庐和小蓬瀛的长廊，长廊上的洞口和柱子，都有一定的缝隙，又变实为虚了。而当继续向内深入时，左侧是笔生花馆的大门，右侧是小蓬瀛的墙壁，画面再次发生了变化。这是一个不到十丈的小院，里面的景物错落有致，让人赏心悦目。

庭院内的石山很有特色，其形状狭长，起伏有致，玲珑紧凑。石山下栽种了龙眼、九里香、修竹、棕竹等，野趣盎然。在这样狭窄的空间，能布置如此规模的假石山，丰富了庭院的观赏内容，却无挤逼局促之感，的确妙不可言。假山有一小洞，洞上镌“斗洞”二字，侧身穿过去，到达另一景区，那就是小蓬瀛与归寄庐等组成的庭院。

（7）笔生花馆

笔生花楼在竹苑的后部分，也是唯一正对着庭院（小蓬瀛与归寄庐等组成的院落庭院）的房子。笔生花楼是一间砖木结构的小楼，分为一个大厅和两个房间，大厅和房间之间有一道镶有印花玻璃的门。房门位于两侧，门上各有一

图1-2-15 笔生花馆

幅梅花图案。大厅的梁柱之间，有一座巨大的通花雕挂落装饰。西边的窗户上挂着一尊灰色的《苏武牧羊》的塑像。该馆名称取自南朝文学家江淹“梦笔生花”的故事，这则故事最早出现在《南史·江淹传》一书中（图1-2-15）。

（8）归寄庐

归寄庐在竹苑的右边，大门却不在竹苑一侧，而是在“小蓬瀛”的对面，通过短廊相连，与小蓬瀛相邻木楼构成了一座别院。归寄庐是一座单间大厅，正面是一扇半开半合的落地屏风，装饰古朴、简单。“归寄”二字，取的是“辞官归故里”的意思，是为了缅怀龙廷槐离开京城，回到自己的故乡筹建清晖园的事，同时也是想在园子定居下来，“寄”字并不代表他永远待在这里，只要有机会，他就会卷土重来。“归”与“寄”，表现出诗人对故土的眷念，但也不愿就此长眠的矛盾心理。走廊的左侧，是一座假山，从假山的缝隙中，可以看到一座封闭的竹苑，右侧的院落，却是一片空旷，别有一番风味（图1-2-16）。

图1-2-16　归寄庐

（9）小蓬瀛

小蓬瀛是与归寄庐相对的另一间厅堂，两个厅堂的布局类似，其上的匾额则是清代著名诗人和书法家宋湘

图1-2-17　小蓬瀛

所写。其中“蓬”为“蓬莱”，“瀛”为“瀛洲”，皆为仙岛，皆有神话色彩。这个名字，寄寓园子主人超凡脱俗，对美好人生的向往（图1-2-17）。

（10）真砚斋

真砚斋在惜阴书屋的后面，是一座用砖石砌成的阁楼，历史悠久，是当年龙家子弟读书的地方，但园主却故意将其紧挨着“惜阴书屋”的后背，面向别的庭院，使得景观呈现出曲径通幽的变化。真砚斋外檐廊用两根石柱支撑，石柱和木横梁之间各有一幅以蝙蝠为题材的镂空木雕作为装饰，蝙蝠的“蝠”字与“福”谐音，是传统的吉祥动物。斋的内部，绿梁白瓦，清爽宜人。中间的横梁竟有五根层层相叠，装饰得别开生面（图1-2-18）。

惜阴书屋的庭园开阔，真砚斋的庭院绿树成荫，风景秀丽，两者风格不尽相同。真砚斋庭院最显眼的是一个六边形的池塘，池塘里有一座精致的假山，成群的小金鱼在石山的岩洞里游动，石山里有一口小泉，泉水日夜不停地往下流。此处也有许多石景观，都是用砖围起来的。院子里有一条蜿蜒干净的麻石板路，中间是一棵棵古树，还有许多小品和金鱼池，让游客不用踩在泥泞中，就可以尽情地欣赏，分外惬意。

图1-2-18 真砚斋

（11）惜阴书屋

惜阴书屋位于船厅旁边，与之成直角排列，船厅左前方伸出一条短廊与书屋相接。书屋名“惜阴”，即珍惜光阴的意思，表达当时的园主人对后辈的勖勉。这是一间建于清朝道光年间的比较简朴的平房。正立面为落地屏门，上半截是木格窗牖，窗棂疏阔，正好让屋里人透过空隙欣赏外面的美景。门前是麻石板铺地的宽敞庭院。再往前就是方形荷花池。池的围栏低矮，且有成排的漏窗。翠绿的荷叶，粉红的荷花，偶尔露出的清清湖水，都可以在书屋内远远看到，岸边的澄漪亭、六角亭和碧溪草堂更可尽收眼底。它与真砚斋紧紧相连，是使用功能与外观格调都比较相近的建筑（图1-2-19）。

图1-2-19　惜阴书屋

（12）八表来香亭

八表来香亭又称玲珑榭，其置于八角环流的池水中央，是一座颇具特色的八角形建筑。其立面皆窗，大部分镶以透明的无色玻璃，整体通透，名副其实，八面玲珑。无数的窗格中，有八块红色玻璃是清晖园珍藏的清代文物而尤显珍贵（图1-2-20）。

图1-2-20　八表来香亭

3. 佛山梁园

梁园占地面积广阔，约21260平方米。总体布局以宅第、祠堂及园林建筑进行有机组合，以奇峰异石作为重要造景手段，空间组织错落有致，聚散得宜，形成一个居住环境良好、园林景观豁然开朗的有机整体。同时，园林分为东西两个区域，东区以建筑为主，包括宅第、佛堂、刺史家庙、群星草堂、荷香水榭等建筑；西区以园林景观为主，建筑为辅，包括无怠懈斋、汾江草庐、寒香馆、曲桥、假山、荷花池、丛林和小桥流水。整个园林以湖池为中心，采用曲池形式，通过大面积湖池溪涧组织空间，韵桥石舫、松堤柳岸等园林建筑和绿化点缀的精心布局，形成意境深远的恢宏气势。园中建筑多式多样，小巧精致，装饰构件、窗棂隔扇多姿多彩，体现了岭南传统技艺风格特色；植物造景以热带地域性植物为主，兼容外来树种；园中叠山并非掇石堆砌，而以景石代山，多为独石成景，孤石成峰，或两块巧置，或三石摆布，不求体量，但重神韵。

佛山梁园总平面图如图1-2-21所示。

图1-2-21 佛山梁园总平面图

（1）部曹第

通过门楼，就是梁园的正门部曹第。这种门楼是佛山当地比较普遍的一种二间头门建筑，门楼为“回”字形，大门黑色，水磨青砖。正门的梁柱上挂着一块牌匾，上面写着“部曹第”。“曹”一词，指的是古代各部门的职司，而“部曹”是明清两代中央六个部门的统称。梁九华被封为奉政卿，又是礼部尚书，故他的宅第又名“部曹第”。这是一座硬山式的门楼，二层高，土坯木屋，右边是“轿厅”“马房”，左边是“杂役房”，都是简单的砖石结构。它的正面墙壁是用水磨的青色砖石砌成，很少使用灰浆，甚至连尖刀都很难刺穿，可见它的技术是多么的高超。它的屋檐上刻有“花开富贵”和“瓜果迭绵”的砖雕，并用回纹装饰，使它显得栩栩如生，结构丰富，线条圆润，在佛山地区很受欢迎，具有很强的地域特征。它的屋脊上有一幅“富贵图”，是一位大师的杰作，画工精巧，具有很强的艺术气息。门第和一般的世家大族不同，虽然标有官员的名字，但大门却很窄，只有一米多宽，只能容纳一个人通过。

穿过正门，就到了梁园，正前方有一座石砌花槽，上面放着一块多洞的太湖石，只要一吹，就有浓雾从窟窿里冒出来，煞是壮观。太湖石与一棵迎客松树相得益彰，环境古朴典雅。此花槽不仅具有点缀景观的意义，同时也作为一道屏障，可以阻挡人们的视线，从而使花园的层次更加丰富。正门两边是一条卷棚顶的长廊，穿过长廊，便是左边的佛堂。

（2）佛堂

清朝时期，佛山的富人家常在自己的宅第里修建拜佛大殿，以供朝拜和祈祷。佛堂是一座三间的大厅，采用抬梁式，深褐色的花架、挂落，黑色的栓子及大红的飞椽，给人一种神圣而庄严的感觉。在佛堂的中央，有一尊观音菩萨的佛像，由于唐人忌讳李世民的名字，所以将观世音的“世”字去掉，改为“观音”二字。在它的下方，还有一个“须弥座”，这是一个有很多线角的座位，是用来支撑物品的。在印度的古老神话中，须弥峰是天地的中央，而须弥山就是佛祖的脚下，象征着佛祖的威严。这尊观世音菩萨是由广州光孝寺里的一位大和尚点化的，头戴珍珠和玉簪，端坐在莲花上，给人以一种神圣的感觉。

（3）刺史家庙

宅第西侧为刺史家庙，极具岭南宗祠风格，所谓“家庙”，就是“宗祠”。“刺史”是一种官方制度，汉代，将全国除京畿外的地区划分为十三个州部，每州设一刺史，清代，“刺史”又被称为“知州”，这是因梁九章曾经做过四川知州，宗祠因而得名“刺史家庙”。刺史家庙原是为了纪念第十四代祖师梁玉成而修建的（图1-2-22）。

图1-2-22　刺史家庙

尽管梁玉成在商业上很有成就，他的家庭也有了很多财产，但是梁玉成的生活还是很节俭的。咸丰二年，为纪念开疆拓土、厚德载物的祖师爷，梁九华立此宗祠。这座祖庙是三间两廊式的硬山顶带封火山墙建筑，挑梁式和穿斗式的混合式梁架结构，面宽12米，进深25米，占地面积200多平方米。头门雄伟高大，气势不凡。建筑在一座书院式的石质平台上，前屋是方块的麻石檐柱，柱基是花篮式的，古朴而威严。

（4）荷香水榭

刺史家庙对面，有一处歇山顶的水榭。这水榭很小，很有灵性，它的南面，可以和刺史的祠堂相映成趣，既庄重，又和谐，既有情趣，又有雅致，体现了岭南传统园林中对狭小空间的运用和巧妙的布局（图1-2-23、图1-2-24）。再往南可以和水松堤岸和湖塘一起构成夏日荷塘的美景。因为池塘里种满了莲花，夏天的时候，空气中弥漫着一股淡淡的荷香，所以被称为“荷香水榭”。在它的周围，有一个精致的花架，大门上挂着一个“莲香”的飞罩，十分的优雅。每到盛夏，炎云纷炽，香风徐拂，倚在花架上，望着碧盖千茎，万紫千红，野鸭子飞过，蜻蜓点水，当真是赏心悦目。亭子的四面是花卉的底座，上面摆着一些盆栽。里面有一株“千年荔枝”，价值不菲。

（5）群星草堂

群星草堂是清道光年间梁九华在此建造的园林群的统称，包括群星草堂、秋爽轩、小榭楼、石庭、水石庭、回廊等，面积约2000平方米（图1-2-25）。园

图1-2-23　荷香水榭

图1-2-24　荷香水榭

图1-2-25　群星草堂

主梁九华，他在晚年爱好奇石，建了一座花园，并以奇石环立“群星草堂”，从建筑布局，到石头的选择，到树木的选择，到水池的挖掘，再到大小木块的制作，都是梁九华亲自设计的。这座花园，以《西厢记》为原型，布置得极为精致，亭台楼阁、栏槛回廊，错落有致，池塘和青翠的竹林，点缀在这座花园之中。名石星罗棋布，各得其适，曲径幽深，碧水环绕，古木参天，建筑精致，尽显岭南风情，异石品种繁多，形态各异，园中布置精致，是广东园林中独一无二的一处。

群星草堂是园林的中心，它的主体结构以屏风式的形式划分，前中后三个大厅都是通透、明朗、实用的，它克服了佛山传统住宅的狭小，给人一种温馨、愉悦的感觉；厅中设四方桌，长条书桌，书架等，陈列着古代文献。走廊和角落里放着一张桌子，桌子上放着一块黄蜡石，窗户外面搭了一个架子，架子上种着一株兰花。左边是一座厅堂，厅堂门口写着“群星草堂”三个大字。

（6）秋爽轩

在岭南传统园林中，“轩”指的是客厅前的长廊，长廊被扩大，用来摆放家具，供人休息，是文人雅士聚集之处。秋爽轩位于群星草堂旁，环境清幽，建筑

图1-2-26　秋爽轩

结构简单，具有一种含蓄淡雅的气质。秋爽轩里面摆放着许多观赏石，比如鸡血石、菊花石、太湖石、灵壁石等，这些都是天然的石头，没有经过任何的雕琢，所以非常的光滑，非常的坚固，颜色和形状都非常漂亮（图1-2-26）。

（7）船厅

秋爽轩的西边有座船厅和小榭楼，园内有一座供人歇息、宴请的会堂，会堂建成一条船的形状，叫作“船厅”（图1-2-27）。船厅大门采用杂木冰纹，十分雅致，厅外走廊上，悬鸟笼若干，十分惬意。船厅四周都是低矮的墙壁和宽大的窗户，窗户采用红色、黄色、绿色的玻璃装饰。旁边有一棵巨大的葡萄树，足有百余年的树龄，枝叶茂盛，遮天蔽日。为更好地欣赏山水，园主在船厅与秋爽轩之间修建了一座小榭楼，其小巧玲珑，颇具岭南风格。内部设有阶梯，登上阶梯便可眺望花园景色。

“秋爽轩”“船厅”和“水榭”三座建筑，虽然各有各的作用，但都采取了

图1-2-27　船厅

墙壁相互借用的方式，将三座建筑连成一片，亭廊回环，增加了景物的深度，这种错开位置的相互借用，最大的优点就是可以让每一座建筑都保持一定的通风透光，也可以让周围的建筑遮蔽阳光，比如秋爽轩和小榭楼，就把西斜的阳光挡在了正厅之外。

（8）日盛书屋

在石庭中，有一幢古朴雅致的小楼，名为“日盛书屋”，是为梁氏子孙梁日盛而增建的一幢小书房（图1-2-28）。梁日盛出生于1898年，1957年搬到香港，对故乡、故宅和故人依然眷恋不舍，得知佛山重建“梁园”，立即命大儿子梁知行捐资兴建。这间书房只有四五米高，三四米宽，看起来简约而又古朴。日盛书屋有两扇八角形的大窗户，窗户外面种着芭蕉和铁树。日盛书房的门口，有一池塘，池塘足有数米宽，池塘四周种满了芭蕉树。池塘上面有两座桥梁，古朴而不复杂。

图1-2-28 日盛书屋

（9）半边亭

越过了那条有栏杆的石桥，前方有一座造型别致的小凉亭，叫作半边亭。亭子是一种休憩的场所，是一种为园林景观增添色彩的场所，具有独特的魅力（图1-2-29）。这座亭子下面是六角形的，上面是四角形的，这是园主的“求缺”

作品。有句话说得好，天下没有十全十美的东西，玉之所以美丽，就是因为它有瑕疵，所以它的主人在建造这座亭子的时候，带着“求憾”的想法，就像《易经》中的“过盈则亏”一样，并不要求完美无缺。

在群星草堂的南边，园主很聪明地利用了这一点，在这里修建了一条斜梯，引人进入后花园。在石阶的正前方，有一棵“贵妃”山茶，历经岁月的风霜，枝头几次荒芜，又几次换新，每逢过年的时候，山茶花怒放，花色艳丽。

（10）汾江草庐

从半边亭走下来，一路往西，走进一座凉亭，就是汾江草屋的园区，借着这座凉亭，将群星草堂与汾江草屋的气氛融为一体，相互呼应。在时间的侵蚀下，曾经存在过的汾江草庐已经消失，现在的汾江草庐是在“忠于原貌”的基础上重

图1-2-29 半边亭

建的。看过了蜿蜒曲折的群星草堂，我们漫步进入了一个轩，环顾四周，一望无际，让人心情舒畅，又一次感受到了一种由低到高的园林气氛。那是一片平静的畅意湖，畅意湖是汾江草屋边上的一口池塘，占地面积有几亩。湖中有湖心石，石舫，韵桥，三者相映成趣，为这一片狭小的湖水平添了几分层次。位于湖畔的石舫，由花岗岩砌成，屋顶呈卷棚状，栩栩如生，具有浓郁的地方特色。

（11）无怠懈斋

无怠懈斋是梁蔼如为自己所建的一座读书的雅室。梁蔼如为创造良好的阅读氛围，对其书屋加以改建，建有“无怠懈斋”（图1-2-30）。这间草堂的景致，历史上并没有详细记载，只是说梁蔼如“不奢饮食、不饰服御、不治园圃，居斗室中，好静坐”。从这一点来看，这间草堂并不是一座精致特别的园林，只是一间安静的书房。其斋堂占地一亩，除了斋堂，还有药棚花棚等，曲径通幽，别有洞天。他的房间里，摆放着上万本书籍，他整天坐在那里，一有空闲，就用毛笔蘸墨写字。

（12）寒香馆

寒香馆为梁玉成的儿子梁九章所建。梁九章既要品书，又要赏月，极需一个雅致的地方，于是在佛山的汾河之畔建了一座亭台楼阁，南来北往的文人墨客路过佛山，都会在这里落脚，饮酒作乐，这座亭台楼阁，也就成了有名的文人雅士聚集之地（图1-2-31）。

图1-2-30　无怠懈斋

图1-2-31　寒香馆

4. 东莞可园

可园占地面积约2200平方米，平面呈不规则的多边形，规整且紧凑。同时，采用环绕式庭院布局，以“外封闭，内开放”的方式争取最大化的建筑面积和内部庭园面积。虽然整体面积不大，但“一楼，六阁，五亭，六台，五池，三桥，十九厅和十五间房”可谓是建筑样式齐备。东南区包括门厅、擘红小榭和东南角楼等建筑；西区包括双清室、可轩、邀山阁等建筑；北区包括绿绮楼、雏月池馆、可堂、东北角楼等建筑；各建筑之间用檐廊、前轩、过厅、走道相连接，形成“连房广厦”的空间格局，很好地解决了通风、遮阳和避雨等功能性问题。可园楼台路线曲折蜿蜒，登楼方式多样，有复梯、蹬道、步顿及梯屋等形式，奇异独特，出人意想。建筑以组群出现，密中有疏；庭院植物多采用花台、棚架、盆景进行配置；园内有一八角形水池和几何形曲池，叠山受空间面积影响，仅有用珊瑚石堆砌的假山“狮子上楼台”和少量以太湖石为主材的置石。

东莞可园总平面图如图1-2-32所示。

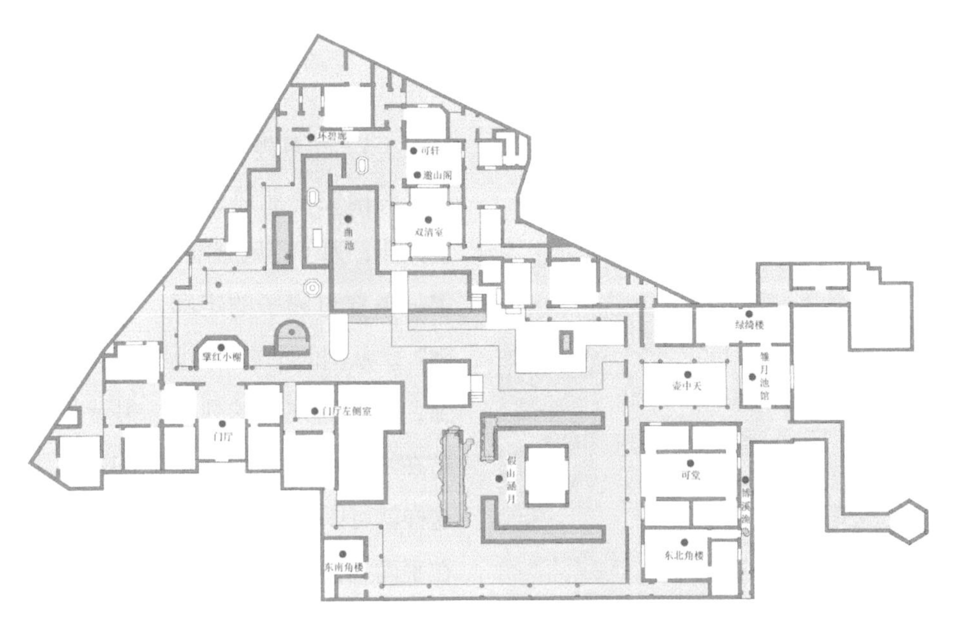

图1-2-32 东莞可园总平面图

（1）门厅

门厅位于可园东南部，为砖木结构。坐西向东，面阔三间，深一进，抬梁穿斗混合式梁架。凹门廊，硬山顶，人字形封火山墙，碌灰筒瓦，滴水剪边，青砖墙体，红砂岩勒脚。门厅采用可开敞式布局，后墙两侧设门、中间设彩色玻璃屏风，与擘红小榭、连廊等建筑联成一体（图1-2-33）。

（2）擘红小榭

擘红小榭位于门厅后方，六角形，歇山顶，抬梁穿斗混合梁架。基础是用红色的岩条砌筑而成，六根八边形的木柱撑着房顶，柱子与柱子之间设置美人靠（图1-2-34）。轻盈的屋顶上有轻快的翘角，柱子纤细，空间开阔，这座小楼给人一种古朴典

图1-2-33 可园门厅

雅的感觉，是主人邀请宾客休息的地方。

（3）环碧廊

岭南位于亚热带，日照强烈，雨量充沛，为了避风避雨，主人在此修筑了一条穿过园子的走廊，名为“环翠廊”。从剖面上看，这是一条单面的空廊，一边是红色的列柱，另一边则是贴在墙壁或者依附在其他的建筑上，这样就可以达到半通透半封闭的效果。在平面上，则是一条“曲廊”，既是连接不同景观的通道，又是观赏景观的引路线。整个长廊沿着外围分布，连接了院内的群楼，构成了岭南园林的连房广厦的格局（图1-2-35）。

图1-2-34　擘红小榭

图1-2-35　环碧廊

（4）东北角楼、东南角楼

东北和东南两个角楼是在可园东面的成组的建筑物，分别在东南和东北两个角落，与墙相连。为二层建筑，呈四四方方形状，为歇山式建筑形制，由青石铺路，内部有一道阶梯通向二楼。东北侧的角楼上，有一座较为方正的露台和一座南窄北宽的露台，从露台可以一直通到绿绮楼（图1-2-36）；东南塔楼南侧设有大型露台，露台上设有花架（图1-2-37）。两座小楼的东面墙壁上都有一个方洞，设有美人靠，可以让人坐下欣赏到外面的景色。

图1-2-36　东北角楼

图1-2-37　东南角楼

（5）可轩

可轩以前就是张敬修用来招待客人的地方。正门种植桂花树，门帘上的装饰，地面上的装饰都是桂花图案，因此人们常称它为“桂花厅”。这里雅致、凉爽，是一座独立的小楼，紧挨着双青楼，坐落在邀山阁下（图1-2-38）。

可轩楼面仍保持着原来的样子，楼面材质为台阶砖和青砖，经研磨拼接，制作精细。听说在铺地板的时候，一名铁匠每天最多只能做两块，否则会受到严厉的惩罚。

图1-2-38　可轩

可轩厅中间的地板上设有一道铜管口，是给宾客们提供新鲜空气和香气的出口，也是地暖通风系统的一部分。地暖通风系统的工作原理是：佣人从旁边的小房间里用鼓风机将风通过埋在地底的陶瓷管道缓缓输送到大厅里，无论主人们在高谈阔论还是低声私语，佣人都不会打扰到他们的谈话。在吹气的时候，再加上一些香料，整个大厅都会变得香气四溢，让人神清气爽。后来还有人把这种设施叫作“古代空调”。

（6）曲池

曲池是在造园中强调建筑亲水性的重要的一环。不管在什么样的庭院里，水都是最富于生机的元素。天然型的庭院多以水为静，以水静似镜、云淡风轻的意境胜出（图1-2-39）。

可园的水塘呈几何体的几何造型，与岭南庭院的空间形式密切相关。由于岭南庭院是一种以建筑为主体的园林，所以在庭院中，由建筑所包围形成的庭院空间，多呈几何形，而几何形的水塘，则更易于与庭院的空间相融合，更易于表现庭院的整体空间效应。以建筑物与绿植遮蔽了蜿蜒的水塘两岸，从而突破了水塘两岸的视野限制。

图1-2-39　曲池

图1-2-40　双清室

（7）双清室

双清室四个角落各有一扇门，其平面形状、家具样式、地面铺装、门窗上的纹饰都用传统的“亚”字，因此也被称为亚字堂（图1-2-40）。在岭南庭院中，通常采用的是玻璃槛窗，这种窗户是夹层玻璃，五颜六色，为室内和室外的景观增添了光影的变幻。双清室位于邀山阁的下面，两座建筑相辅相成，使得邀山阁看起来高大却不孤单，挺拔却不傲慢。

（8）邀山阁

可园虽小，但因为布置得很精巧，建筑沿着边界紧密地布置，留出中间的空间作为中庭，所以在中庭有了很大的空间，视野开阔，可以更好地欣赏风景。由于中庭很大，为了更好地控制空间，所以在中庭中修建了

图1-2-41　邀山阁

一座高大的“邀山阁”，作为天井的中心（图1-2-41）。邀山阁虽然很大，一楼也被挡住了，但前面有双清室，两边有长廊和露台，给人一种高大却不孤单的感觉，与庭院中的悠闲氛围融为一体。

邀山阁的外立面是碉楼的形式，很有特点。眺望可园，可领略可园的布置之美。首先，整个园的空间虽小，却很有内涵；其次，虽然周围的边界线条各不相同，但里面的建筑却很协调，没有一丝凌乱。这是因为在建筑物的两旁布置，中央留出一个庭院，使观景面积增大，视野开阔。

（9）绿绮楼

绿绮楼因珍藏“绿绮台琴”而取此名，是一座以“绿绮台琴”为名的阁楼。这座建筑是根据“陕而修曲”的古代风格建造的。歇山顶形制，四面墙体都是青色的砖墙。屋内有一条走廊，走廊上有风雨槛窗（图1-2-42）。

（10）壶中天

“壶中天”是根据《后汉书·方术传下·费长房》中的一个传说而命名的。后来，“壶天”被称为“仙境”，很多诗人都用来形容美妙风景。“壶中天”是一座以围墙和房屋为中心的小型庭院，中间的庭院内设花圃、假山和栽种竹木。这座小院由三面建筑和一面围墙所组成，看起来很隐蔽，但因为壶中天在墙中央有一扇圆形的大门，周围有通往其他地方的走廊和大门，所以这座小院看起来很安静，也很精致（图1-2-43）。

图1-2-42　绿绮楼

图1-2-43　壶中天

（11）假山涵月

假山涵月位于可堂之前，是指石山与花岗岩平顶榭组成的小景。由于石山外形如雄狮，凉亭平顶似台，两者相接，故又名“狮子上楼台”。石山以岭南之珊瑚石叠砌而成，上植金丝草，石、草相配，石者玲珑浮凸，草者犹如狮毛松絮，栩栩如生。因石山位于中庭，且体量较大，为了避免空间的拥塞与呆板之感，石山下部穿空称“瑶仙洞”，仿海岛景致，悬崖峭壁。北侧设小道，蜿蜒可登峰顶，至拜月台。每逢中秋佳节，月圆之夜，登台赏月，览尽迷人的秋色（图1-2-44）。

图1-2-44　假山涵月

（12）博溪渔隐

博溪渔隐，是一条沿湖而设的小径，从这里可以到雏月池馆、可亭，并且可以饱览湖水的美景。博溪，就是张敬修居住的地方。渔隐，就是钓鱼的意思。“博溪渔人”是张敬修的绰号，意思是“隐居江湖”（图1-2-45）。

图1-2-45　博溪渔隐

（13）雏月池馆

雏月池馆，顾名思义，就是一轮弯月，紧靠着湖泊，因为它的形状就像是一艘小舟停靠岸边，所以也叫船厅。船厅是岭南园林中一种很普遍的建筑形式，位于池塘边，宛如一只停靠在池塘边的小船，极具江南水乡风情（图1-2-46）。

雏月池馆是园中的主人和文士们弹琴下棋的地方，是一个可以用来招待客人的地方，也是一个可以欣赏风景的好地方。它坐西向东，有一扇玻璃大门，左右两边的墙上有五颜六色的支摘窗。人们站在馆内，隔着一扇窗，可以欣赏到北边的湖光山色，也可以欣赏到南边壶中天的景色。

图1-2-46　雏月池馆

（14）可堂

可堂，可园的主要建筑，坐南朝北，三开间，红砂岩勒脚，青砖砌墙。明间是一个开放的大厅，左右两个次间分别为房间。大厅正面有门罩，两边的池板雕刻梅、兰、荷花、鸳鸯等图案。这里是园主居住的地方，也是张氏一族举办婚宴之地（图1-2-47、图1-2-48）。

图1-2-47　可堂1

图1-2-48　可堂2

第二章

岭南传统造园技艺与文化

技艺是指工具和材料使用中的才智、技术或品质性手艺，也指从事某一技术工种的人，技艺又称为工艺。技艺一词最早见于《考工记》。《考工记》是先秦时期一部重要的科技专著，原书未注明作者及成书年代，一般认为它是春秋战国时期经齐人之手完成的。《考工记》一书包括两个部分：第一部分内容与总目、总论相当，主要述说了"百工"的含义，它在古代社会生活中的地位，获得优良产品的自然和技术条件。第二部分分别述说了"百工"中各工种的职能及其实际的"理想化"了的工艺规范。书中说国有六职，即王公、士大夫、百工、商旅、农夫、妇功。百工系六职之一，它又包括了6类30个工种，分别是攻木之工、攻金之工、攻皮之工、设色之工、刮摩之工、抟埴之工等。

传统技艺是指具有一定历史和民族特色，蕴含有丰富文化底蕴的技巧和艺术。传统技艺一般具有百年以上历史以及完整工艺流程，多利用天然材料制作或建造，是具有鲜明的民族风格和地方特色的工艺品种和技能。传统技艺具有悠久文化历史背景，蕴含着民族的文化价值观念、思想智慧和实践经验，是历史和文化的载体。

中国传统造园技艺涉及选址布局的理论、叠山理水的手法、树木花卉的造景和建筑小品的式样，以及巧于因借的技巧等，是一个综合的艺术体系。传统造园技艺理论同时按照建筑、装饰、山、水、植物、小品等分门别类进行研究，总结形成各自工艺流程，再将各种技艺流程融会贯通，形成综合性技艺。中国传统园林风格和技艺密不可分，风格往往是技艺的一种外在表达形式，技艺本身其实就包含着技术与艺术这两个方面，因而技艺可以界定为技术与艺术风格统一，体现中国传统文化中技与艺的合一，这表现在结构与构造完美结合，局部与整体的完美结合，构造与装饰完美结合，功能与艺术完美结合。

一、岭南传统造园技艺

岭南传统造园技艺隶属于中国传统造园技艺范畴，是一种兼具技术性、艺术性、组织性和民俗性的技艺，是一门涉及建筑学、力学、艺术学、民俗学、农学、林学和土木工程类等诸多领域的综合艺术，它将建筑、装饰、理水、叠石、筑山、植物、盆栽、小品及铁艺等要素，经过科学配置，精心组合，构建出最宜人居住和观赏的生态、诗画环境。岭南传统造园技艺分为5大类，如表2-1所示。

表2-1　岭南传统造园技艺一览表

序号	类别	项　目
1	修建类	各类传统建筑营造和修缮，包括大木作、小木作、砖瓦作、石作、土作、搭材作等工种
2	装饰类	包括石雕、木雕、砖雕、灰塑、泥塑、陶塑、嵌瓷、砖瓦饰、彩画、油漆、铁艺等工种
3	园林类	包括叠石、水景、绿植、园艺、盆栽等工种
4	烧造类	包括烧砖、烧瓦、造窑等工种
5	其他类	包括但不限于传统建筑构件铸造和制作、地域性独门绝技、特殊工艺、特殊工具制作、选址等工种

1. 修建技艺

岭南传统建筑修建技艺包括大木作、小木作、砖瓦作、石作、土作、搭材作等技艺。大木作是指木构建筑承重的骨干木架，是木构建筑的核心，大木作技艺包括木构设计、制图、选材、制作、现场安装和油漆等。小木作也称为装拆，是除了主要木构件以外的室内分隔、装饰装修的木结构，包括室外的走廊栏杆、屋檐挂落、长短门窗，室内的隔断、飞罩、天花、藻井、楼梯、地板等，小木作技艺包括设计、选料、制作（含雕刻）、打磨、油漆等。瓦石作主要包括建筑土作、瓦作和石作的传统构造方法，包括地基、台基、墙体、各类石构件、砖石拱券结构、装饰构件、屋顶及底面等部位样式变化、构造关系、比例尺度、规矩做法以及建筑材料方面等。砖瓦作技艺主要是对房屋瓦件、墙面、台基、地面铺装的处理。搭材作是以架木搭设、扎彩、棚匠为内容的营造技艺，除了搭扎彩棚外，同时也可以扮演建筑施工搭建脚手架的角色，搭材作技艺包括备料、立杆、顺水、排木、戗、盘、绑扎绳结等。

2. 装饰技艺

岭南传统建筑装饰技艺是指在岭南传统建筑装饰中用传统的技术手段对各种建筑原材料进行加工或处理，最终成为建筑制成品的方法与过程。岭南传统建筑装饰技艺主要包括灰塑、陶塑、石雕、砖雕、木雕、嵌瓷和彩画等七种形式。

岭南传统建筑装饰内容丰盈，工艺精湛，装饰色彩质朴、高雅，极具岭南地域特色，是岭南传统文化的重要组成部分。

灰塑、陶塑、嵌瓷是岭南传统建筑上特有的装饰手法，多安置于屋顶或墙壁上。灰塑以灰泥为主要材料，灰泥由石灰、麻丝、煮熟的海菜、糯米浆、红糖水，搅拌捶打而成，将灰泥捏塑成形，在灰泥中直接调入矿物质色粉，也可在半干的泥塑表面彩绘。陶塑是一种融合绘画、雕塑、烧陶于一体的民间工艺，是一种低温彩釉软陶，釉层较软且易风化，但外观温润亲切，没有高温瓷器的冰冷之感。灰塑与陶作的安装技艺主要为“剪”与“粘”，一般以铅丝、铁丝扎成骨架，再以灰泥塑成坯，在坯的表面粘上各色瓷片、玻璃片或贝壳，人物的头部则另以捏塑烧制后嵌上。嵌瓷又名“聚饶”“粘饶”“扣饶”，它以绘画、雕塑为基础，用专门烧制的彩釉瓷片粘嵌出人物、花卉和飞禽走兽等艺术造型，对庙宇和建筑物的屋顶、墙壁等部分进行装饰。

砖雕、木雕、石雕（“三雕”艺术）具有浓郁的地方风格和地方色彩，岭南传统建筑利用砖、木、石等普通原材料在建筑的某些部位进行装饰，体现从紧凑中求舒适、从质朴中求华丽的特点，从而在整体上加强建筑和环境美。岭南传统建筑中砖雕、木雕、石雕题材丰富、技法娴熟，大量采用了世俗观念认可的各种象征、隐喻、谐音，甚至禁忌的艺术形式，将花鸟鱼虫、山石水舟、典故传说、戏曲人物或雕于砖，或刻于石，或镂于木，体现了岭南传统建筑装饰的风格，将儒、道、佛思想与传统民俗文化凝为一体，用砖、木、石、瓦等材料，以意、形、音的方式，或明示或暗示地蕴藏着吉祥的人生观和富含哲理的雅俗文化。

彩画是广东潮汕地区传统建筑和家具的主要装饰方式之一，集当地民间绘画之大成，具有浓厚的地域文化特色，主要流传于潮汕三市、汕尾等地，并传播到东南亚的潮人聚居区。彩画是集实用性、装饰性和观赏性于一体的民间艺术瑰宝，具有装饰环境、美化生活的作用，其作品题材广泛、内容丰富。常见题材有山水、人物、动物、花鸟、水族、果品以及带有喜庆吉祥寓意的传统故事、戏剧等。

3. 造园技艺

岭南传统造园技艺主要包括堆山置石、理水、植物配置和建筑技艺等（图2-1）。

图2-1　广州市新文化馆部分园林技艺展示

堆山又称叠山、掇山，是以造景游览为主要目的，以土、石等为材料，以自然山水为蓝本并加以艺术的提炼和夸张，是人工再造的山水景物。堆山用石因用量较大，故以就地取材为宜。堆山的材料有湖石、黄石、房山石、青石、英石、黄蜡石和各种石笋。岭南传统园林堆山一般多用湖石，其次为黄石。置石则是选择整块的天然石材陈设在室外作为观赏对象，主要表现山石的个体美或局部的组合，而不是完整的山形。置石的方式可分为特置、对置、群置和散置等四种形式。堆山体量较大，可居可游，给人真山真水的自然感，而置石则是以园林观赏功能为主。

岭南传统园林的理水形式多以规则的几何水池为主，如顺德清晖园的矩形内庭水池，东莞可园的曲尺形水池；也有少数自然形态的水池，如佛山梁园较大面积的水池。岭南私家园林大多为中小型园林，宅院的水池往往位于整个园子中心或偏中心的位置，建筑、小品布置于水池四周，整体形成聚合的格局。岭南园林的水面形态布局要“宜曲则曲，合方则方”，“方”主要是指融合建筑形成的几何水岸，“曲”主要是指自然形态的蜿蜒水岸线。岭南理水置物一般有两种形式：一种是不高于水平面放置，这些构筑物往往数量较多但主要作为配景；另一种是高于水平面放置，此类多为主景。岭南地区遮阳、通风、隔热、防雨是造园考虑的重点，一般多采用亲水游廊的形式遮阴避雨，这种形式丰富了水体岸线的立面，形成各种优美错落景观，丰富了人们视线。岭南传统园林驳岸大多采用水磨青砖作为驳岸材料，水磨青砖吸收太阳辐射热，无论色彩还是质感，均与岭南独特的自然环境保持天然的亲和性，给人以淡雅的意境。

岭南园林植物配置体现实用性与景观效果并存，在横向上，多种植物品种呈现点簇式栽种，种类繁多，根据不同空间环境和栽培面积种植不同种类不同形态的植物，大小乔木互相交错，下部配植耐阴的灌木；在纵向上，力求增加植物群落层次，重视垂直绿化，达到层次起伏变化的效果。岭南园林植物配置重视"风水"功能，在进行植物配置时，充分考虑南方气候、气流来源和光照等因素，如清晖园和可园在东面和东南面的面墙都开辟漏窗顺应院外的气流，将气流恰到好处地引入院内；在上风口，巧妙地栽种具有花香的植物。岭南园林一般占地面积狭小，经常运用植物配景构成微缩景观，在植物配置中，运用障景、框景等方法实现分隔空间和造景、遮挡不雅、减弱建筑存在感的效果；同时景深层次压缩，多采用花台、绿篱等配置方式，丰富空间群落层次，增加绿化面积。

4. 烧造技艺

砖瓦烧造技艺是将泥土初始化处理，经过堆踏炼泥，制成砖、瓦坯，上釉，装窑烧制，出窑打磨等工序处理，最后制成砖瓦成品，以满足不同的建筑用途。

砖瓦厂传统砖瓦的生产流程包括：选土-净化-陈化-堆踏-炼坭-制坯-晾坯-整形-上幢-阴干-入窑-小火温焙-大火烧成-封窑保温（青砖饮窑）-降温-出窑-选品-打磨等17～23个工序。

（1）选土

黏土砖瓦烧造，选泥土是关键，多采用深层无沙、无炭土、无杂质青白土（白土，又称善泥），同时根据不同产品需要添加沙土、陶土、沉积土等。一般认为以"善泥"与其他土料配搭好，掌握火候，都能出产品质好的砖瓦（图2-2）。

图2-2　砖瓦烧造所需泥土

（2）净化及陈化

选土完毕，可以将较优质的泥土运送到特定的泥场进行杂质净化，如将泥土中的石灰质、炭土等进行分化，过程3～6个月。然后堆起来陈化，直到泥料可以用于生产产品。

（3）堆踏及炼泥

堆踏（掺泥）是砖瓦制造质量的关键点。首先，选取合适泥料，然后根据所做产品添加其他泥料，配搭好后进行炼泥。无论使用机炼、人踩、牛踩等方式，目的都是为了使泥料均匀，黏性更强，产品密度更大。一般来说，根据产品需要决定炼泥次数。

（4）制坯及晾坯

目前砖瓦制坯成形，分手工和机械两种方式（图2-3）。所做产品完成后要进行晾坯（脱水）。晾坯的关键在于不能让雨水、风及太阳直接接触，如果没有处理好，容易产生裂纹、变形（图2-4）。

图2-3 机械制坯

（5）整形、上幢、阴干

晾坯脱水至50%～60%后，可用手指按下，如果没有痕迹，则可整形（即“拍打砖瓦”），使制品定型（普通青、红砖不需要这工序）。然后上幢，放到通风挡雨的地方阴干一个月到六个月。这过程能让砖瓦内的水分均匀析出，且在重力作用下，砖瓦可以更贴服。此外，也可以放在窑面平台上，利用余热风干（图2-5）。

图2-4 晾坯

（6）入窑（装窑）

砖瓦行业有所谓“三分烧七分装”之说，由于烧制的产品不同，火位不同，受火面积不同等，该工序非

图2-5　整形、上幢、阴干

常注重经验。每个装窑技师都必须具备丰富的经验与眼界，因为人为的方式只能控制燃料的量，烧成温度及速度，但对窑内发生的变化是无法掌控的。装窑过程必须严谨，装好砖瓦后封窑门、砌筑炉口、清理火堂，才可以点火焙烧。

（7）焙烧（温火–大火）

一般传统砖瓦焙烧分为两部分，由点火到烧成，其间不能停火。整个烧窑过程7～9天，特殊砖瓦烧窑时间更长。

温火也叫熏火，缓慢加温可以让砖瓦中的水分化成雾气由烟通口排出。温火过程由绝对空气温度到200℃，黏土泥的性质不会改变，直到黏土矿物水析出才会发生变化，硬度加强。温度在200℃～300℃之间时，砖瓦坯会变成暗红色。第二部分的温度在400℃～650℃之间，待结晶水析出，温度达到950℃～1150℃时封火（图2-6）。

图2-6　焙烧

（8）封火–保温–降温–出窑–选品

烧成后要进行停火封窑，即用泥、沙拌成浆，涂抹在码好的封窑砖上。温度下降到可出窑温度（约40℃）时，根据不同砖瓦品级进行选品，边角分明，表面无裂、敲击有清脆金属声音的是为上品。选品后，再根据客户需要进行深度加工（图2-7、图2-8）。

图2-7　出窑成品

图2-8　成品再加工（雕刻）

5. 其他技艺

（1）满洲窗

满洲窗起源于清朝中后期，当时广州成为中国唯一的对外通商口岸，西方的彩色玻璃也随之在珠三角地区得到应用，人们创新地将彩色玻璃与中国的传统窗户结合起来，具有独特美感的满洲窗从此成为一道亮丽的风景。

满洲窗是由传统的木框架镶嵌套色玻璃蚀刻画组成的窗子。套色玻璃蚀刻画是中西文化结合的实用工艺品，采用进口玻璃材料进行蚀刻、磨刻或喷砂脱色的技术处理，以传统题材为内容，加上不同的形状设计，使窗户典雅秀丽。满洲窗的主要颜色为黄色、红色、蓝色、绿色、白色、紫色、金色。在中国文化中，颜色具有很特别的意味，比如中国传统的“五色说”将“黑、赤、青、白、黄”视为正色，分别对应五行的“水、火、木、金、土”。满洲窗的颜色，一方面对应了清朝八旗的“红、黄、蓝、白”等正色，体现清朝对颜色的使用有着严格的要求；另一方面还有尊贵气质的紫色、金色，这样，满洲窗洋溢着一种富贵之气。

满洲窗最早出现在广州西关一带的达官贵人之家，当地的大户人家，常将半透明的彩色玻璃嵌在窗棂的图案中。因此，色彩鲜艳丰富的满洲窗，蕴含着人们对富贵、吉祥、美满的世俗生活的愿望。在广州余荫山房中，有几组美丽的满洲窗，外面的图案是木棉花，木棉花是广州市的市花，它有着硕大而火红的花朵，象征着朝气蓬勃、富于活力；木棉花里面是兰花，它象征着高洁、淡泊、典雅，这种搭配独具匠心，富于情趣（图2-9）。

图2-9　余荫山房满洲窗

（2）铁艺

铁艺，称为铁艺术，有着悠久的历史，传统的铁艺主要运用于建筑、家居、园林的装饰。最早的铁制品产生于公元前2500年左右，小亚细亚的赫梯（Hittite）王国是铁艺的发源地。顺德清晖园与广州余荫山房均有式样轻巧的铁艺窗，有的窗花表达内容为中国传统纹样，如梅、兰、菊、竹等文人画，或者是产于广东的荔枝、杨桃等热带植物形状，也有采用纯西洋式工艺和样式，外观呈规则的圆形几何图案，铁艺窗户能更好地适应当地湿热多雨室外气候（图2-10）。

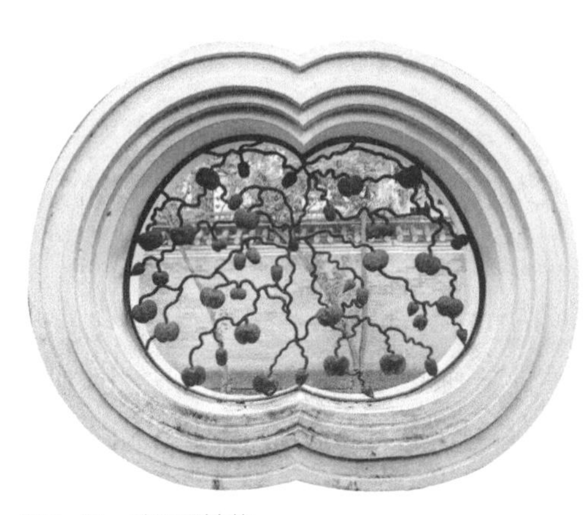
图2-10　清晖园铁艺

（3）岭南盆景

盆景是中国历史悠久的一种园林艺术珍品，而岭南盆景则是中国盆景艺术五大流派（苏派、扬派、川派、徽派和岭南派）之一。岭南盆景的创作，多就地取材，选用亚热带和热带常绿细叶树种，一般以广东人称之为“树仔头”的树桩为主，其品种多达30余种，如九里香（月橘）、榕树、福建茶、水松、龙柏、榆树、满天星、黄杨、罗汉松、簕杜鹃、雀梅、山橘、相思树等。岭南盆景的构图有单干大树型，或双干式、悬崖式、水影式、一头多干式、附石式和合植式等（图2-11）形式。此外还有石山盆景，石材主要采用英石、方解石、珊瑚石、砂积石等（图2-12）。

盆景是一幅有生命的立体画，是一首蕴含深意的无声的诗，是自然界的名山大川、奇树怪木的艺术缩影。因此，制作盆景，除了需要具有一定的园艺知识和制作技术外，还要仔细观察自然界中的老树、古木、奇山、怪石的姿态，大量吸收古今山水画中的艺术养料，并多体会别人成功的盆景作品的创作意境，才能不断开拓新的艺术境界，制作出构图精巧、寓意深刻、余味无穷的艺术盆景。岭南盆景可分为两大类：一是树桩盆景制作，二是山水盆景制作。树桩盆景的主要制作材料是树木，而关键是要选择适合制作意图的树形。首先要懂得鉴别哪些是优良的树形，哪些是不良的树形。生长在荒山野岭的各种树木，由于受地理环境因素的影响，其形状各异，姿态不一，因而对树桩的头、根、干、枝要全面鉴别，而重点则是头、根、干的选择。如果树形不好，即使花费很大的工夫，也难培养成为艺术精品。因此，在制作岭南盆景的过程中，必须注意鉴别树形、酝酿构图、挑选良干、疏整根系、精心培植，其目的是将树桩特有的妙处表达出来，使制作的盆景气韵生动，古雅如画，不流于俗。

图2-11　丰渚园树桩盆景

图2-12　余荫山房石山盆景

二、岭南传统造园技艺文化

传统造园技艺与物质化的文物建筑不同，它属于非物质文化遗产，即它关注的对象是非物质的营造过程及其技艺本体，而不是作为技艺结果的建筑物。传统建筑技艺又被称为无形文化遗产，所谓无形也并非其没有“形式”，只是强调其不具备实体形态。传统造园技艺本身虽然是无形的，但技艺所遵循的法式却是可以记录和把握的，技艺所完成的成品则是有形的。传统造园技艺又称为活态遗产，即强调文化遗产在历史进程中一直延续，未曾间断，且现在仍处于传承之中，是鲜活的、动态的遗产。

2009年“中国传统木结构建筑营造技艺”被列入联合国人类非物质文化遗产代表作名录，标志着中国传统营造技艺成为了全人类的文化遗产，传承和保护工作也进入了新的阶段。2014年扬州园林营造技艺更名为传统造园技艺入选国务院公布的第四批国家级非物质文化遗产代表性项目扩展项目名录。

岭南传统园林经过历代匠人们的演绎，发展创新了一批极具地方特色的造园技艺，形成了特色鲜明的技艺文化，在中华优秀传统文化中独树一帜，璀璨夺目。岭南传统造园技艺文化具有以下几个特点。

1. 文化底蕴

没有文化的工匠只是匠人，匠人的成果往往是简单一律的劳动产品，大多是可以批量生产的。岭南传统造园技艺虽已程式化，但其在生产过程中体现出精细特色、地方特色、传承特色，甚至“不可复制”的特色。掌握岭南造园技艺的工匠们大多学历较低，虽没有受过高等教育，但他们都是通过师傅传授或耳濡目染学习传统文化和传统技艺，如建筑概念、神话传说、经典名著、绘画技巧、风俗习惯、材料特性、工具特点和工艺流程等内容，再加上工匠们边学习文化边进行实践，不断融会贯通，经过几十年的沉淀，持续进行创新，形成自己独特的风格，创造出许许多多的经典作品和独特工艺方法。

工匠们在长期的工程实践中，也能够与时俱进，采用先进的材料、使用新型工具、采用科学的方法进行创作，形成自身独有的技艺体系和创作流程，具有很高的学术价值和艺术水准，近年来很多技艺高超的工匠们走进高等学校开展讲座和参与技艺人才培养工作，更有工匠被高等学校聘请为客座教授，参与到学校的日常教学活动中。

2. 责任担当

岭南传统园林造园技艺匠人们拥有极强的自尊心，对于他们来说工作做得好坏，与自己的人格荣辱直接相关。因此，他们对工作极度认真。对于如何使手艺达到熟练精巧，他们有着超乎寻常甚至可以说近于神经质的艺术般的追求。他们对自己每一个产品、作品都力求尽善尽美，并以自己的优秀作品而自豪和骄傲。他们认为对工作不负责任，任凭质量不好的产品流通到市面上，是匠人之耻。

中国古代工匠极为敬业负责，在制度上就遵循着“物勒工名”的规定，在负责制作的器物完成以后刻上自己的名字，以表示对质量的负责。在已出土“吕不韦戈”上，有铭文“诏事图，丞戴，工寅”，意思是负责监管的长官名图，负责质量的长官名戴，以及负责铸造的工匠名寅。肇庆悦城龙母庙是岭南古建筑的三大瑰宝，是一座艺术的殿堂，陶塑形态逼真，主殿右侧书“石湾均玉造”，主殿左侧陶塑书“菊城陶屋造”；顺德和园大门口“龙舟影壁”为陶塑，也书“菊城陶屋”，这些都是以示工匠们对其作品的高度负责，具有极强的责任担当精神。

3. 科学艺术

岭南传统造园技艺蕴含着丰富科学道理，也体现出无与伦比的艺术价值。如灰塑是岭南特色建筑装饰艺术，历史悠久，灰塑艺术可以与其他建筑雕刻相媲美，它不仅具有建筑三雕所展现的立体感，而且还具有壁画的色彩感，深受岭南人民的喜爱。

岭南灰塑制作材料非常简单，石灰加上柴米油盐制作即可，用这些简单材料调配制作的灰塑历经日晒雨淋，仍能保持几百年时间。灰塑的制作通过精湛工艺颠覆了人们认为石灰会吸水，易腐烂，会很快变形的传统观念。在整个岭南古建筑里，灰塑大约占据整个建筑百分之十的工程量，灰塑能够解决台风、漏水、吸潮、湿热等问题。

岭南地区湿气往上走，屋脊和瓦面起着压制台风的作用，也起正面的阻击作用，屋顶上的灰塑在互相平衡中压制台风，其重量压制瓦面，整体屋顶不容易倒塌；石灰吸潮，雷雨天气水分可通过瓦片、灰塑去吸收，雨后阳光曝晒，再蒸发出来，灰塑起着平衡温湿度的作用。屋顶出现漏水，采用灰塑材料和工艺重做屋顶，能够解决漏水问题。近年来，工程技术人员通过现代化的研究手段，对灰塑的成分及其在不同环境中变化的数据进行实验与检测，不断改良传统石灰粗糙和松散等问题，让灰塑材料既具备乳胶漆附着力强的特性，又能保留石灰原有的保温、保湿的功效。

4. 竞技提升

在岭南潮汕地区，凡是大型建筑工程，如宗祠、寺庙、宝塔、富人大宅院等，通常会请两班或两班以上由有名工匠带领的工人参加营建，比赛建筑水平、工程质量和手艺技术，潮汕谓之“斗工”。想在技术上出人头地的工匠也都乐于接受挑战和应战，建筑工地成了竞技场，工匠穷尽妙思，各显绝技。“斗工”的习俗激励了工匠们的创造激情，促进了他们的技艺水平，也反映了工匠对营造技艺的自豪和民众对建筑技艺的认知和褒奖。这一习俗是传统建筑文化中非物质遗产的重要内容，反映了民众对生活的一种积极的取向。斗工实际上就是公平竞争，“是骡是马牵出来遛”“牛角唔尖唔过岭”，斗工习俗提高了潮州工匠的总体技术水平，不少老艺人因此青史留名，不少青年工匠因此脱颖而出。

潮汕的许多有名建筑和传世工艺杰作，其中很多是斗工的艺术精品。在民间，至今还留传着一些传说和轶闻，如潮州的涸溪塔和三元塔，传说是由师徒两人分别建造的，徒弟技术原不亚于师傅，也有心压过师傅，师傅当然不会轻易认输，于是师徒各造一塔，斗工比试，故事绘声绘色，曲折动人。最典型的是潮州市彩塘镇资政第大门两边镶嵌的四幅石雕，其中有幅《渔樵耕读》图，图中放牛娃手里挽的牛绳比火柴梗粗不了多少，绳子却雕得十分精致，股数清晰可辨。在斗工中，有三位工匠呕血而死，轮到第四位师傅，并不因为有三位同行为此丧命而退缩，而是抱着为艺术勇于献身的精神，勇敢接受挑战，终于打造出堪称艺术佳构的作品。

近现代的潮汕工匠大斗工，要数澄海前美陈慈黉佳作宅第。该华侨家族的历代掌门人都抱着一个宗旨：不计工本，唯求其精。他们对工匠的要求是：慢慢来，有急事先回家。他们从潮汕各地请来了最有名的工匠，每一项建筑，从泥、木、石到嵌瓷，请的都是两班以上。而且公开告诫工匠：谁做得好谁有赏，谁做得好下个工程就由谁担主角。在这样的激励机制下，哪位工匠敢偷懒？哪个工匠不使出浑身解数？为了技术保密，为了给主人一个惊喜，工匠们施工时都采取措施，先用谷笪围起来，人就躲在谷笪内精雕细琢，等到工程完成了才掀开谷笪，请主人过目，让包括对手在内的众人品评。整座宅第历经半个多世纪建成，至今仍然令许多行家叹为观止，被专家称赞为“岭南建筑艺术的奇葩”。

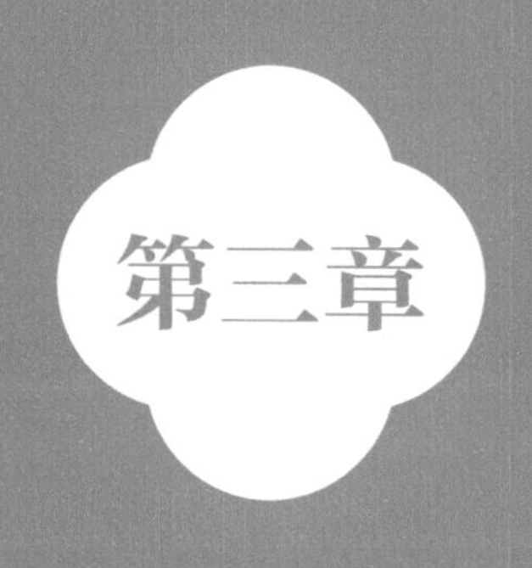

第三章

营造修建技艺

岭南传统园林建筑的主要类别有殿、堂、楼、阁、亭、台、轩、榭、廊、舫、斋、馆、厅、房、屋室以及门、阙、牌楼等，与之配合的还有影壁、碑碣等。我国传统的木结构建筑物，自汉代以后就形成了一个完整的体系，木材梁柱的承重方式，使建筑空间有相当的灵活性，也有一定的制约。因此，产生了基座、屋身、屋顶的“三段式”外观，如图3-1所示。屋顶式样的不同，是构架形式不同所致。屋顶的形式对于我国古建筑的形象有重要的影响。人们常引用《诗经·斯干》中的诗句形容古建筑的屋檐如展翅起飞的鸟翼“如跂斯翼，如矢斯棘，如鸟斯革，如翚斯飞”。特别是彩色琉璃瓦盖的屋顶，更是千姿百态，绚丽多姿。这众多变化的屋顶，归结起来，主要有六种类型：硬山、悬山、庑殿、歇山、卷棚、攒尖，另外还有盈顶、盔顶、单坡、平顶、囤顶等，并有两重檐、三重檐乃至多重檐的做法，它们连接配合，又可组成多种形式：如丁字脊、十字脊、勾连搭等。双重檐亭子如图3-1所示。

图3-1　双重檐八角亭

一、岭南传统建筑施工程序

建造最普通的一座传统的木结构房屋，从基础开始至油漆完工，整个施工阶段由以下几个步骤组成。

（1）打筑地基，码砌基础

在基址上通过定平、放线标出基础位置后，进行基槽开挖式满堂开挖土方工程，遇土质过软应打地丁加固。古建地基常用灰土或砂石，历史上也曾用过瓦碴、碎砖等。现代多用灰土，也有用混凝土的。在灰土垫层上面，按柱子位置，用砖码砌“磉墩”，上面再码置柱顶石。基础露出地面的部分，用砖、石包砌，这部分通称为台基，清代也称为台明，有的台基还加设石制栏板、望柱，并砌筑“踏跺”。在台基内部，磉墩之间，还要加砌与磉墩等高的矮墙，称为“拦土”，其间填土再做地面。

（2）制作构件，大木立架

木构建筑的柱、梁、檩、枋等组成构架的构件，称为大木，可以预制加工，不一定在现场制作。待柱顶石砌筑完工后，便可将构架组装起来，这时搭材作要配合施工。木构架一般用榫卯结合，至木基层即椽子和望板，要用钉子钉牢。

（3）加工砖料，砌筑墙身

对于设置墙体的建筑，要预先进行砖料的加工，然后按一定的方式砌筑，有的墙身在某些部位还配有石构件，也要预先进行石料加工。

（4）苫背号垄，瓦瓦挑脊

在屋顶望板上铺垫灰泥，叫作苫背，在这一工序中包括对望板进行防腐和防水的处置。苫背还能使折线形的望板屋盖过渡到曲线形。铺盖瓦面之前要按瓦的大小在“背”上分中号垄。北京古建工匠称铺瓦结瓦的过程为“瓦瓦”。进行屋脊的砌筑工程称为“挑脊”，也有写成“调脊”的。

（5）安设装修，铺漫地面

古建筑的“装修”，历来指木装修，包括室外与室内的门、窗、栏杆、天花、罩、架等物。墙壁抹灰归属墙身工程。地面一般用方砖铺漫。据砖料材质及加工精细程度不同，铺漫有细漫与糙漫之分，一般室内地面做细漫，室外做糙漫。室外的铺路也有用石材、小砖或卵石铺装的。

（6）粉刷裱糊，油漆彩画

根据房屋等级不同，做这道工序，做法有很大的不同。墙面上可喷浆，可粉刷，也可贴壁纸，对于天花，可配合彩绘，或仅是裱糊白纸。对大木或装修的木件进行油饰彩画，可相当简单，也可十分复杂。需油饰的大木构件，一般是先用特制的油灰材料和麻丝将木件包裹严密，也称为做“地仗”，再刷以油漆涂料。对于讲究的建筑，往往进行不同等级的彩画装饰，最尊贵的宫殿庙宇重点部位的彩画还要沥粉贴金，显得金碧辉煌，豪华壮丽。

二、岭南传统建筑营造技艺

亭子是一种中国传统建筑，多建于园林、佛寺、庙宇，或盖在路旁或花园里供人休息、避雨、乘凉用，面积较小，大多只有顶，没有墙。《园冶》中说，亭“造式无定，自三角、四角、五角、梅花、六角、横圭、八角到十字，随意合宜则制，惟地图可略式也。”这许多形式的亭，以因地制宜为原则，只要平面确定，其形式便基本确定了。本书以八角亭子为例，介绍岭南传统建筑营造技艺。

1. 八角亭简介

这里介绍的八角亭位于湖心岛之上，占地面积41平方米，高10米，石木重檐结构；亭子四周修建方形景观平台，台面铺设花岗岩石板，四边角围筑花岗岩护栏；平台四周修建毛石亭台、步道，种植灌木，柳树等花草植物，八角亭通过拱桥与湖岸相连，如图3-2、图3-3所示。八角亭的建筑形式独特，它有着八面平等、八角互通的特点，这与中国传统哲学思想中的八卦理论是紧密相关的。八卦是中国古代哲学中的重要概念，它包括乾、坤、震、巽、坎、离、艮、兑八个方面，每个方面代表着一种不同的自然属性和道德意义。因此，八角亭的八面平等、八角互通的建筑形式，也是寓意着八卦理论中的平衡、和谐、互通的思想。八角亭在建筑造型上也体现了中国传统建筑的艺术特色，如曲线的折线组合、双层格式结构、突出的攒尖式屋顶、独特的雕花装饰等，这些特色不仅反映了中国传统建筑的美学价值，也反映了中国古代文化的审美观和文化精神。八角亭不仅在中国传统文化中有着重要的地位，也在中国与其他亚洲国家的文化交流中扮演着重要角色。在东亚文化圈中，八角亭被广泛传播和应用。

八角亭在中国传统建筑中是一种极具特色的建筑形式，其优美的外观和丰富

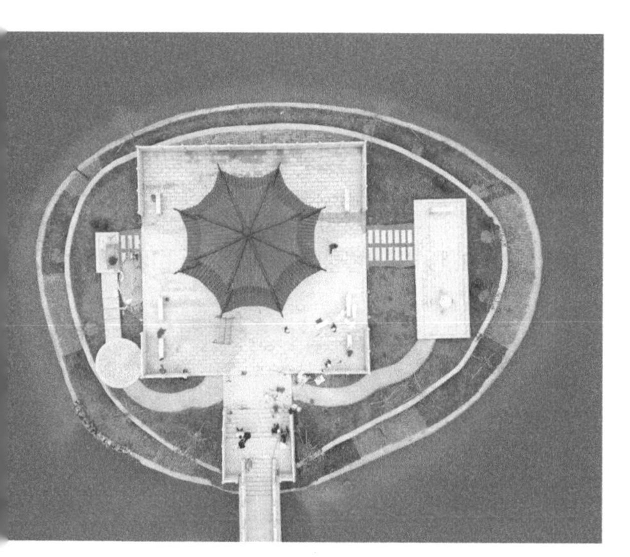

图3-2　八角亭及湖心岛鸟瞰图

图3-3　八角亭实物图

的装饰元素在古代中国被广泛应用于园林、寺庙、宫殿等建筑中，至今仍受到人们的青睐。八角亭由八根柱子和一系列构件组成。

（1）柱子

八角亭由八根柱子支撑，柱子一般为圆形或八面形，高2～3米。柱子的材质可以是木材、石材或砖石混合。在八角亭的建造过程中，梁枋是非常重要的构件之一，起到支撑和固定建筑结构的作用。具体来说，八角亭的梁枋通常采用木材作为原材料，经过加工和制作后形成。

（2）梁枋

梁枋的作用是连接八根柱子，形成建筑的主体骨架，梁枋通常由檩、榫头和斗拱三部分组成。檩是梁枋的上部构件，用于支撑屋顶结构。榫头是梁枋的连接部分，通常采用卯棒结构连接。斗拱是梁枋的下部构件，用于连接柱子和梁枋，增强建筑结构的稳定性。斗拱通常采用石材或者砖石结构，具有很好的承重能力。除了起到支撑和固定建筑结构的作用外，八角亭的梁枋还有很重要的美学价值。在八角亭的设计中，梁枋不仅要符合建筑结构的要求，还要具有美观和协调的特点，使整个建筑更具艺术性和审美价值。

（3）屋面

八角亭的屋面形状多样，通常呈八角形或圆形。其中，八角形的屋面形状是最为常见的，也是八角亭最为典型的特征之一。此外，也有一些八角亭的屋面形状呈多边形或其他形状，不过这种情况比较少见。八角亭的屋面结构通常采用斗拱、梁架、桁架等构件连接起来，形成一个稳定在梁架上方，通常还有一层叫作“棚子”的结构，用于支撑瓦片等屋面材料。八角亭的屋檐一般较为宽阔，可以起到遮雨避阳的作用。在屋檐的下方挂有悬角、吊脚等装饰件，用于美化亭子的外观。有些八角亭的屋槽还会设置角椽、棱板等特殊形式，增加亭子的美感和特色。

（4）地面

地面通常采用石板或青石板铺设，也有一些八角亭地面是用木板铺设的。除此之外，八角亭还有一些装饰构件，如栏杆、雕花、悬挂件等，这些构件不仅美化了八角亭，还可以增强八角亭的稳定性和结构强度。

（5）灰塑

灰塑是岭南亭子装饰的重要元素之一。灰塑是一种以灰泥、石灰等材料制成的雕塑品，通常用于装饰建筑的柱子、梁枋、门窗、壁面等部位。在亭子中，灰塑的形象主题多种多样，常见的有花鸟、人物、神兽等，栩栩如生、神态各异。灰塑在亭子中的位置也非常重要，常常被用于装饰柱子、翘角、宝顶等结构构件的顶端和连接处，强化建筑结构的稳定性和美观度。灰塑的制作需要经过多道工序，包括制作模具、调制灰泥、浇筑、晾干、雕刻等。

（6）油漆彩画

为了增加亭子的美观，往往会在亭子内部的梁柱、屋顶、扇门等部位上进行油漆彩画的装饰。这些油漆彩画通常采用传统的中国绘画技法，如工笔、写意等，画面多以山水、花鸟、人物等为主题，色彩鲜艳，造型逼真，富有中国传统文化的气息。同时，在一些名胜古迹、历史建筑、庭园中，也可以看到油漆彩画的装饰。油漆彩画的装饰不仅仅是为了美化建筑，也是对传统文化的继承和发扬。

2. 八角亭营造过程

八角亭营造过程分为以下几个阶段：前期准备、基础建设、框架建设、屋面建设、装饰处理、涂漆、灰塑和彩画以及完工验收。

第一阶段：前期准备

（1）场地设计

根据业主要求、湖心岛实际情况、湖面状况、周围建筑布局及连接桥实际造型等，确定八角亭在湖心岛建造的位置和尺寸，同时还要考虑湖心岛的景观设计、日照和采光等问题。八角亭及湖心岛总平面图如图3-4所示。

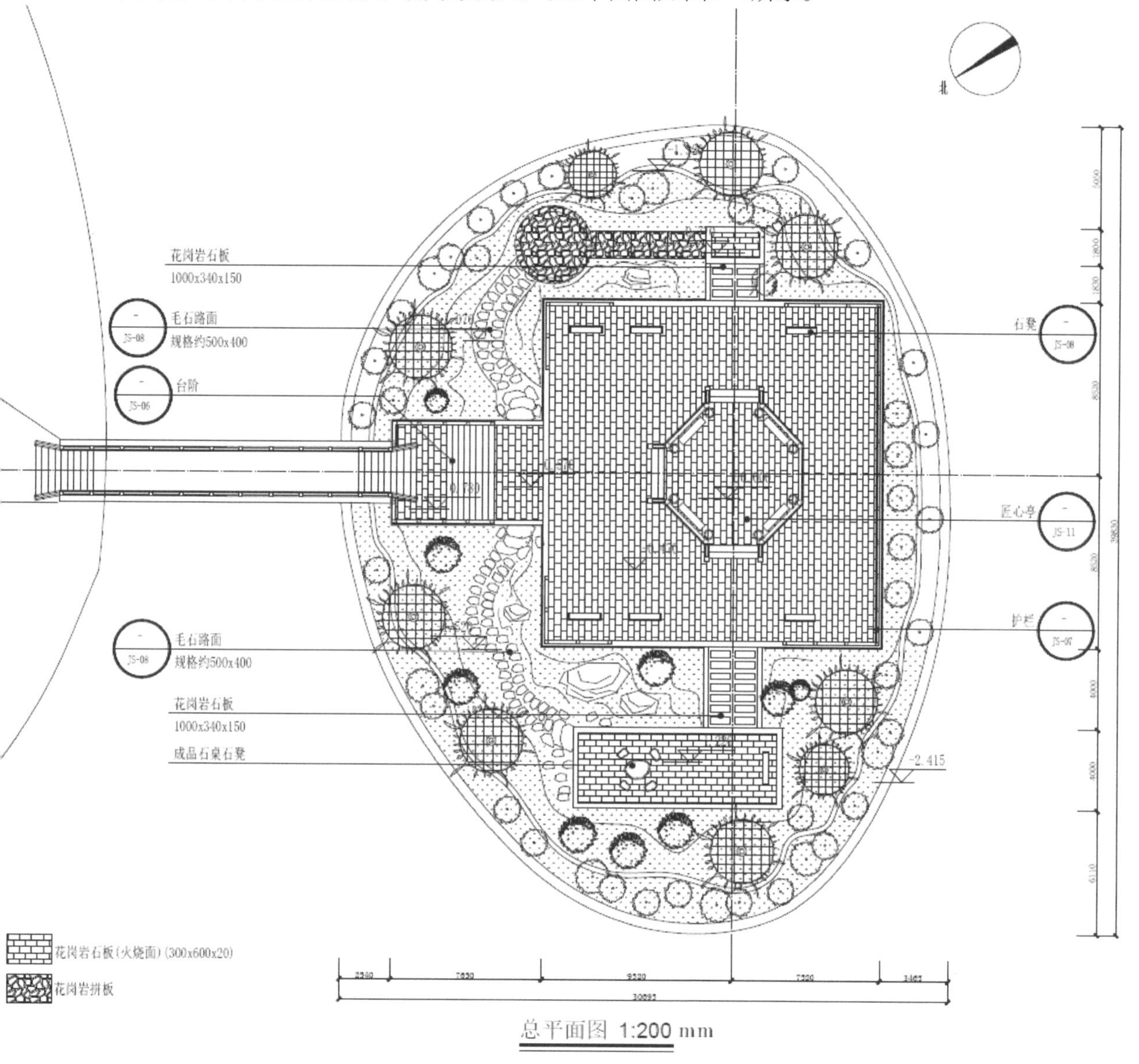

图3-4　八角亭及湖心岛总平面图

（2）八角亭图纸深化设计

图纸是建造八角亭的基础，根据场地设计要求进行八角亭图纸深化设计，在施工图设计过程中，需要根据场地条件、使用需求等方面综合考虑，施工图纸应包括八角亭的结构、尺寸、材料、装饰等方面的详细说明。八角亭构造示意图如图3-5所示。

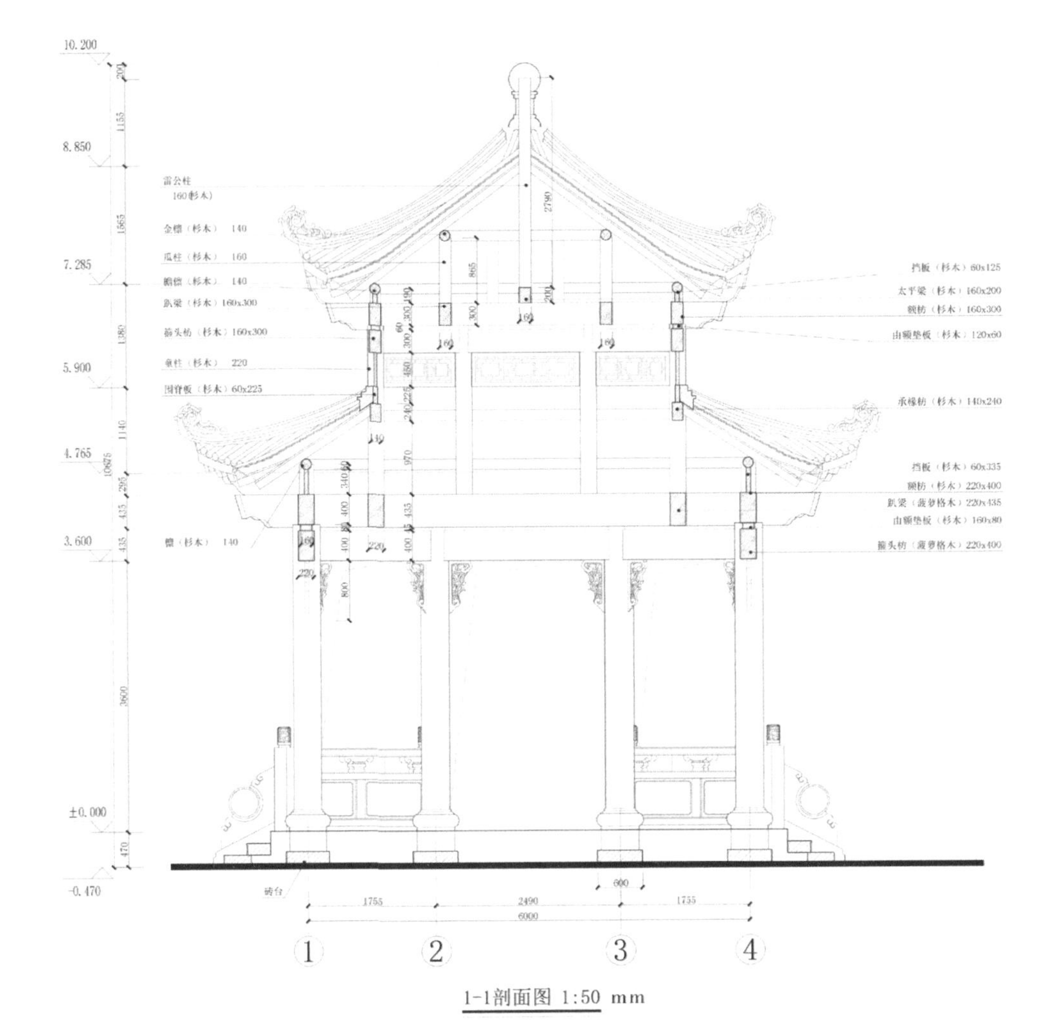

图3-5　八角亭构造示意图

（3）木构架制作

古建筑将柱、梁、枋、檩（桁）等木构件称为大木，木构架是由柱、梁、枋、檩（桁）、板等预制构件组装而成，因此木构件的预制加工工作应率先进行（图3-6、图3-7），以保证在基础工程完成后即能进行组装。木构架是凭借榫卯结合在一起的，大木构件预制加工就是按尺寸和构造要求做出构件及其榫卯。大木构件预制之前应做好备料、验料、材料初步加工、排丈杆，大木构件制作首要工作是画线，大木划线有一套传统的、独特的符号，分别用来表示中线、升线、截线、断肩线、透眼、半眼、大进小出眼、枋子榫、正确线等。建筑木构架是由千百件木构单件所组成，为使这些构件在安装时有条不紊，各有各的位置，

图3-6　木架件制作过程

图3-7　木架件制作过程

在木构件制作完成后需标注它的具体位置，大木位置号的标写有一套传统方法。

第二阶段：基础建设

（1）施工放线

组织施工人员进场，开始放线，确定亭子位置及尺寸，如图3-8、图3-9所示。

图3-8　八角亭施工放线

图3-9　八角亭施工放线

（2）基础施工

在确定好八角亭的位置后，需要进行基础的建设。依据技术要求，平整土地，清理地面；开挖基槽，将基础坑挖掘出来；回填土夯实，铺设底座，钢筋混凝土浇捣，做亭子基础。同时也要进行地下排水系统的建设，确保八角亭的基础不受潮湿等环境因素的影响。如图3-10～图3-13所示。

图3-10　八角亭基础施工

图3-11　八角亭基础施工

图3-12　八角亭基础施工

图3-13　八角亭基础施工

第三阶段：框架建设

在完成了基础建设之后，就可以开始进行八角亭的框架建设。八角亭的框架由立柱、梁架组成。框架的建设需要进行以下步骤。

（1）地面砌筑

青砖砌石，做台阶地面，基础垫层及台阶垫层，并按照设计图纸尺寸要求安装8个柱础（图3-14、图3-15所示）。

图3-14　八角亭柱础安装

图3-15　八角亭柱础安装

（2）立柱安装

八角亭的立柱数量为8根，每个立柱的长度大约为4.5米。立柱的直径通常为30厘米左右。立柱通过起重机吊装放置在柱础上，灌注混凝土使其牢固稳定（图3-16～图3-19所示）。

图3-16　八角亭立柱安装

图3-17　八角亭立柱安装

图3-18　八角亭立柱安装

图3-19　八角亭立柱安装

（3）木立架

木立架是将制作好的大木构件在房屋基址上竖立组装起来。在立柱安装完成后，需要将在工厂制作好的大木构件组合安装在立柱上。梁架是木构建筑中的主要结构部分，既有结构承重作用，又有装饰美观作用。梁架主要由柱、梁、枋、檩、板等构件组合而成，在安装梁架时，需要先进行定位，然后通过榫卯的办法将梁架各部分连接起来（图3-20～图3-27）。

图3-20　八角亭木架安装

图3-21　八角亭木架安装

图3-22　八角亭木架安装

图3-23　八角亭木架安装

图3-24　八角亭木架安装

图3-25　八角亭木架安装

图3-26　八角亭木架安装

图3-27　八角亭木架安装

第四阶段：屋面建设

岭南地区绝大部分的古建筑，屋面材料采用土瓦片、土瓦筒或土制小青瓦，形成了别具风格的传统风貌。在框架建设完成后，就可以开始进行屋面建设。屋面的建设首先做木基层，一般多采用木椽条做基层，木椽条的截面为40mm×70mm（图3-28）。木椽上铺一层木板，起到增加结构稳定性、增加承重能力和平整表面的作用（图3-29）。现代仿古建筑通常在木板上铺一层油毡做防水，也可以起到铺瓦时防止瓦片滑落、固定瓦片的作用，也就是传统技艺的“苫背”（图3-30、图3-31）。

八角亭屋面采用碌筒瓦，碌筒瓦屋面施工流程：检查桁角—选瓦—浸石灰油—筑屋脊、垂脊—挂线—铺檐口或滴水瓦当—铺底瓦、铺面瓦、盖瓦筒修筒驳口—瓦筒辘灰—清扫。

图3-28　屋面木基层

图3-29　屋面木基层上铺板

图3-30　防水铺装

图3-31　防水铺装

（1）检查桁角

让木工对桁角全面检查。

（2）选瓦

瓦片的选择按照设计图纸要求选用，确保瓦片的质量。铺瓦前，须对瓦进行筛选检查，敲击检查发出清脆声音，表面无裂缝、残损、砂眼及严重变形可用，瓦音不清等的残次品应及时挑出，对滴水瓦当检查时注意瓦件的雕饰，花纹缺损与轮廓不完整，驳口开裂脱落均不可。

（3）浸石灰油

浸石灰油是对瓦片进行浸、抹石灰水，可提高瓦片防水密度，对沙眼、风裂起到密封作用。

（4）筑屋脊、垂脊

正脊基础：脊梁桷板顺着标水对铺3～4件瓦（脊头瓦），抹半灰瓦筒咬合脊瓦间隙，根据屋面分坑在（脊头瓦）上压筒瓦（压利），分坑缝压筒瓦用草灰砌筑，留出筒尾（脊头筒）作后续瓦面接驳，脊面用筒瓦灰浆补平，宽度约底瓦宽度，挂平线，铺二层骑脊（缝）瓦。上面可以根据做脊样式进行砌筑。砌筑高大灰塑脊，则叠加上述材料，骑脊（缝）瓦换成阶砖压脊。

垂脊：挂垂线在山墙上用瓦筒或火砖铺砌成相对应形状的脊（锅耳、人字、马头）等。做泻（批）水瓦盖滴水瓦当，按垂脊形状两侧铺泻水瓦，泻水瓦根据墙身大小而定铺瓦数量，中间压筒辘灰、铺泻水瓦比墙身飘出约瓦三分之一长度，用草根灰碌筒。也有墙身上用筒瓦压砖、压筒辘灰做垂脊（图3-32、图3-33）。

图3-32　筑垂脊

图3-33　筑垂脊

（5）挂线

按照已有桷板水平定出要造瓦面厚度为标准经纬线，作为屋面高低检查标准，同时以檐口（飞子）桷板为基准两端进行挂线，方便铺设滴水瓦当校对平整度（图3-34）。

（6）铺檐口或滴水瓦当

滴水瓦当的铺筑在屋面矫正桁桷上对称进行。拴一道“檐口线”平行线，铺滴水瓦出横檐板为2～5厘米，滴水瓦7～9厘米长，滴水瓦一般烧造时尾部两侧有固定孔，瓦当瓦咀中间有固定孔。在桷板条中间，合适位置打上铁钉捆上铜线三组分别穿滴水瓦当的瓦孔。根据规范接1～2件碰瓦为底瓦与横檐板齐平，筑上（纸根灰）

图3-34　挂线

跟檐口并排铺上滴水瓦，调整平水与角度，瓦当满浆（纸根灰）贴上滴水瓦间隙，调整平水与角度，穿上铜线收紧使其不容易滑落。位置固定后，即可修正补灰使檐口瓦美观一致（图3-35）。

（7）铺瓦

按照已做好的桁桷水平，在正脊、垂脊上弹墨线作为碌筒瓦面标准，垂线的上端固定在脊上，下端线锤吊在檐口滴水瓦上作为瓦坑铺贴标的。铺瓦工作要在坡面上对称同时进行。檐口瓦一般坡度较缓，主要是横檐板让瓦口抬起，让雨水顺着瓦坑形成跃流扩散更远，铺叠瓦时让瓦与桷板形成一个夹角使重心前倾度变小，垫草根灰顺着坡度铺贴。铺瓦采用带有微马鞍型使用效果更好，贴面瓦压住滴水瓦，按已定搭留形式由檐口向上铺叠，厚度以垂线为准。瓦面两侧筑纸筋灰接筒瓦咬合，筒瓦内拢留空不满灰，一直接到脊头筒，厚度以垂脊两侧墨线为准。后用纸根灰对瓦筒补缝（图3-36）。

图3-35　铺滴水瓦

（8）碌筒

用草筋灰抹瓦筒。由瓦当起沿着筒瓦上均匀裹上约1厘米厚草筋灰，操作过程中可轻轻按压拍打，使灰浆黏性与密度更好。瓦坑之间的空隙要用筒尺拉直抹平，表面收水后用乌烟纸

图3-36　铺瓦

筋灰批面，也可用墨汁、乌烟灰浆扫面（图3-37）。

图3-37 碌筒

（9）**清扫**

对瓦面进行清洁处理。

第五阶段：装饰处理

在完成屋面建设后，可以进行装饰处理。八角亭的装饰通常包括门窗、栏杆、悬挂装饰物等。在进行装饰处理时，需要根据设计图纸进行安装，以确保整个八角亭的美观度和稳定性（图3-38、3-39）。

图3-38 安装雀替

图3-39 安装窗户

第六阶段：涂漆

在完成装饰处理后，可以进行涂漆处理。涂漆可以保护八角亭的木材不受风吹雨淋等自然环境因素的侵蚀。涂漆前需要先对八角亭各部分进行清洁和打磨处理，以保证表面光滑，然后再用桐油进行涂刷。涂漆时要注意均匀涂刷，以确保八角亭的表面光滑均匀（图3-40）。

图3-40 涂漆

第七阶段：灰塑、彩画

灰塑匠师根据八角亭的寓意选定题材，测量相应的制作部位，在木板上用毛笔或铅笔描绘或构思草图。在木板上根据图案的走向用钢钉（短钉）打点，然后把短钉都缠上铜线，进行缠绕，形成骨架。骨架制作完成后，以草筋灰往骨架上包灰，一般在落灰之前，灰塑师傅会先用灰匙把草筋灰在灰板上反复推、压、摔几遍，这个动作被称为"搓灰"可以让灰更细腻。包灰每次不超过3厘米厚，第一次包灰完成，待到底层的灰干燥到七成左右再进行，干燥的速度视天气而定，将前次的草筋灰压实，方可进行第二次包灰。按照"添加—干燥—压实—再添加—再干燥—再压实"的制作方式，层层包裹，直至灰塑的雏形完成。在完成草筋灰批底后，需等待1-2天让其自然干燥后，方可铺加纸筋灰。灰塑匠师把所需的颜料与纸筋灰混合拌匀，在定型的灰塑上铺加一层色灰面，又称"底色面"，加色灰是对灰塑的最后修正和定型。完成色灰后紧接进行上彩，上彩顺序由浅到深，颜色逐步叠加。灰塑上彩干透后，颜色都会变淡，因此一般要上3次颜色才能保证色彩效果和持久度（图3-41～3-45）。

图3-41　构思翘脚灰塑草图

图3-42　制作翘脚灰塑骨架

图3-43　翘脚灰塑包灰、固定

图3-44　翘脚灰塑上色

图3-45 半边脊灰塑上色

彩画匠师绘制彩画前首先在木板上批灰打底，待灰底干后并磨至表面平整，扫净浮灰，接着刷原生桐油，渗进油灰层中，达到加固油灰层的目的。底层处理完成后，即可测量尺寸绘制图样。彩画图案一般上下左右对称，可将纸上下对折，先用炭条在纸上绘出所需纹样，再用墨笔勾勒，经过扎谱后展开，即成完整图案。现在也用硫酸纸画好图样，然后直接用铅笔勾线印到白色底上（图3-46）。在调色时通常会加入胶，令颜色和底层粘牢，不怕风干后开裂。颜色入胶后，可以在拓印的基础上把图案的边勾出来，在作画时细的线条要加胶，加胶后比较容易画。在彩画轮廓勾勒完毕后，就可以填色块。在大体积的木构件绘上彩画，通常是用分工填色的方法，几个工人可以同时工作，提高填色的效率。彩画填色习惯是先填比较大面积的颜色和浅的颜色。在绘制彩画细节的地方时，需要工匠换成小笔细致地去勾勒和渲染，来突出彩画的艺术效果（图3-47）。

图3-46 轮廓勾勒

图3-47　勾勒渲染

装饰艺术技艺

《周礼·考工记》有载："凡攻木之工七，攻金之工六，攻皮之工五，设色之工五，刮摩之工五，抟埴之工二。"我国自古对营造技艺与装饰技艺十分重视，岭南建筑汲取了中原建筑文化底蕴，结合岭南当地文化，发展创新了一批极具地方特色的装饰技艺。目前发现整理的具有明确传承体系的技艺包括灰塑、陶塑、木雕、砖雕、石雕、嵌瓷和彩画等不同风格，具有很高的历史和艺术价值。

灰塑技艺

灰塑作为岭南传统建筑特有的建筑装饰艺术，以贝灰或石灰为主要材料，拌上稻草或草纸，经反复锤炼，制成草筋灰、纸筋灰，并以瓦筒、铜线为支撑物，在施工现场塑造出寓意丰富、形态各异的作品。

一、灰塑简介

灰塑俗称“灰批”，是流行于岭南广府地区的一种传统雕塑艺术，主要分布于广州市区和增城、从化一带。据《广州市志卷十六》文物志记载，在南宋庆元三年间，广州市增城的正果寺已运用了灰塑技艺建造；而明清两代则是广州灰塑发展最为兴盛的时期，其主要运用于祠堂、庙庵、寺观和豪门大宅，如广州陈家祠、佛山祖庙、佛山清晖园、三水胥江祖庙、花都资政大夫祠等。直到民国初期至1949年初期，灰塑仍较普遍用于建筑，然而在“文革”期间，一些传统建筑被破坏，灰塑技艺受到了严重冲击，导致灰塑艺人被迫转行，大量人才流失，直到改革开放后，随着国家对非物质文化遗产的重视和保护，灰塑传承人的地位也得到一定的提升。现代由于对传统建筑修复的需要，不少灰塑艺人重拾旧业，带了学徒，这有利于传统灰塑技艺的传承与发展。

灰塑的种类有浅浮雕、高浮雕、立体雕和通雕（图4－1-1～图4－1-4），常见的是浅浮塑，一般高出墙面5厘米以下。所谓“一花独放，不如春色满园”，灰塑亦是如此，它不仅吸收了砖雕、陶塑、木雕及西方美术等元素，还融入了同期其他技艺的优点，这让传统灰塑与其他工艺美术能够相互碰撞并彼此渗透，为广府建筑艺术与工艺美术领域都画上了浓墨重彩的一笔，例如佛山梁园的灰塑虽已残旧受损，但还是依稀能从轮廓中看出灰塑的样式，在建筑中起到了中心点缀的作用。

图4-1-1　浅浮雕 牡丹灰塑（东莞南社古村）

图4-1-2　高浮雕 游龙灰塑（三水胥江祖庙）

图4-1-3　立体雕 看脊（肇庆龙母祖庙）

图4-1-4　通雕（广州陈家祠）

岭南灰塑的题材主要有花卉果木（图4-1-5）、祥禽瑞兽（图4-1-6）、吉祥文字（图4-1-7）、博古、人物（图4-1-8）、纹样图案、风景和其他题材。

图4-1-5　番石榴（佛山清晖园）

图4-1-6　九如图（佛山清晖园）

图4-1-7　集云小筑（佛山清晖园）

图4-1-8　李白醉酒（佛山清晖园）

灰塑的建筑载体一般是正脊、垂脊、看脊、脊座、搏风头、墙楣、山尖、门楣、窗楣和神龛（图4-1-9～图4-1-11）。

灰塑对技艺的要求非常高，首先是“雕”，需要多年的磨练经验；其次是“绘”，正所谓“三分雕、七分绘”，彩绘是灰塑的第二次重要创作，是整个建筑“添彩”的关键，也是岭南传统建筑装饰的亮点之一。灰塑装饰具有浓厚的

图4-1-9　飞带式垂脊（番禺余荫山房）

图4-1-10　福到眼前（番禺余荫山房）

图4-1-11　窗楣灰塑（番禺余荫山房）

岭南地区文化气息，也代表了岭南民间工艺水准、生活习俗、艺术形态、经济水平等方面的发展程度。比如子孙兴旺、平安富贵、福寿双全、吉祥如意等代表吉祥寓意。灰塑不仅是岭南传统建筑装饰技艺，而且还从力学、空气动力学等原理角度解决了建筑的使用功能，具有极强的科学性，还有吸湿、杀菌、净化空气等作用。

二、灰塑技艺

灰塑作为传统建筑特有的室外装饰艺术，以贝灰或石灰为主要材料，拌上稻草或草纸，经反复锤炼，制成草筋灰、纸根灰，并以瓦筒、铜线为支撑物，在施工现场塑造。

1. 灰塑工具

灰塑的制作工具主要有灰匙、灰板、竹签、线匙、钢筋、钢钉、铜线、枋条、锄头、镰铲、搅拌机等（图4-1-12～图4-1-17）。

图4-1-12　灰板、灰匙

图4-1-13　竹签

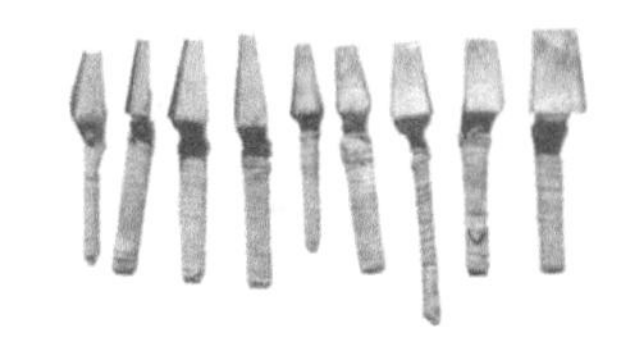

图4-1-14　线匙

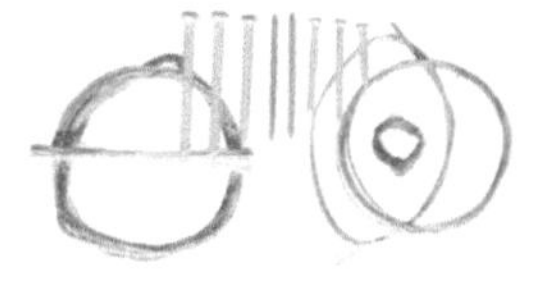

图4-1-15　铜钉及铜线

图4-1-16　枋条

图4-1-17　锄头

2. 灰塑材料

（1）草筋灰制作

草筋灰用来做灰塑的批底、连接骨架和纸筋灰。制作草筋灰，首先把生石灰与糯米粉按50：1的比例备料，用水稀释糯米粉，成糊状后混入已经粉碎筛选并稀释的生石灰，充分搅拌成石灰膏（图4-1-18）。

图4-1-18　草筋灰（邵成村灰塑工作室）

（2）纸筋灰制作

纸筋灰可用来粘结草筋灰和色灰。制作纸筋灰，首先需要将土制的玉扣纸（来自广东吴川）浸泡在水中十余天，至基本纤维化后用打灰机把玉扣纸打烂成纸筋（图4-1-19）。

图4-1-19　纸筋灰（邵成村灰塑工作室）

（3）色灰制作

纸筋灰与各种颜料混合拌匀，即成为色灰（图4-1-20）。

图4-1-20　色灰（邵成村师傅灰塑工作室）

3. 灰塑技艺流程

（1）构图设计

灰塑匠师依据业主的喜爱要求和具体建筑的情况，为灰塑选定题材，测量相应的制作部位，并构思灰塑草图（图4-1-21）。

（2）制作灰塑骨架

制作前需要先在墙上根据图案的走向用钢钉（短钉）打点，以垂直于墙身的角度打入墙体，不能超出图案的勾画线，然后把短钉都缠上铜线，进行缠绕（图4-1-22）。

（3）草筋灰批底

骨架制作完成后，将草筋灰往骨架上包灰，一般在落灰之前，灰塑匠师会先用灰匙把草筋灰在灰板上反复推、压、摔几遍，这个动作被称为“搓灰”，可以让灰更细腻（图4-1-23）。包灰每次不超过3厘米厚，第一次包灰完成后，待到底层的灰干燥到七成左右再进行第二次包灰，第二次包灰要将前次的草筋灰压实（图4-1-24）。按照“添加—干燥—压实—再添加—再干燥—再压实”的制作方式，不断重复，层层包裹，直至灰塑的雏形完成。

（4）铺纸筋灰

在完成草筋灰批底后，需等待1～2天自然干燥后，方可铺加纸筋灰。纸筋灰质地细腻，凝固后硬度比草筋灰高，适合用来粘结草筋灰和色灰。铺叠工序开始时，首先须保证纸筋灰能压紧在草筋灰上，铺加过程中要注意每次的厚度不能超过2厘米，可用竹签辅助灰塑进行塑造（图4-1-25）。

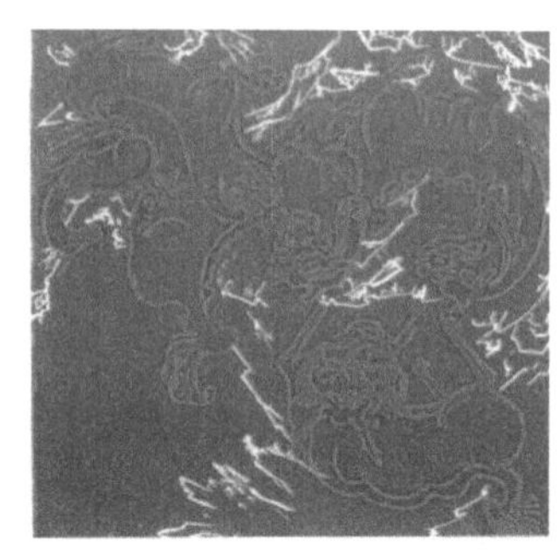

图4-1-21 构图设计

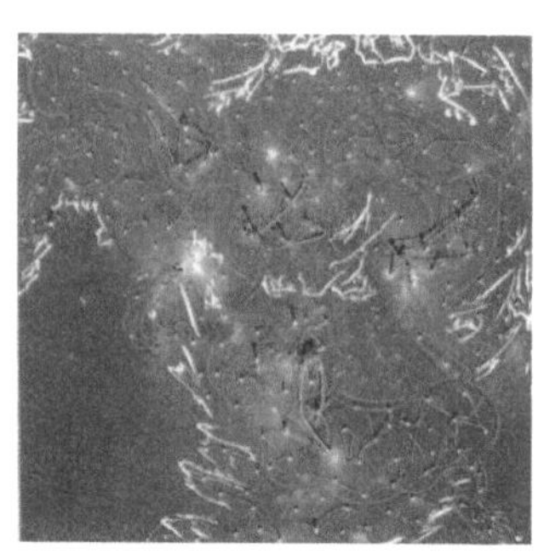

图4-1-22 扎骨架

图4-1-23 草筋灰批底图

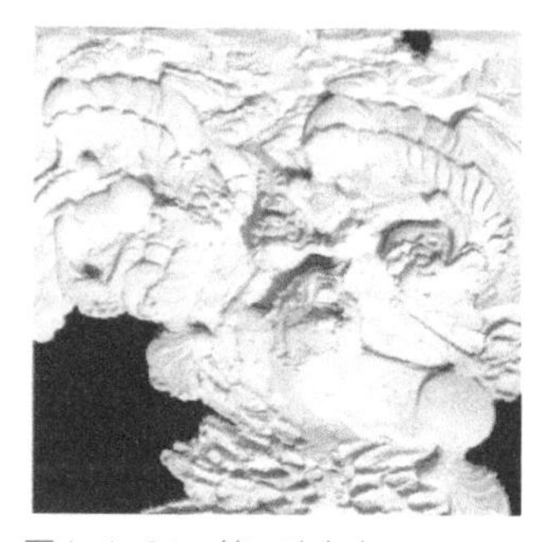

图4-1-24 第二次包灰

（5）铺色灰

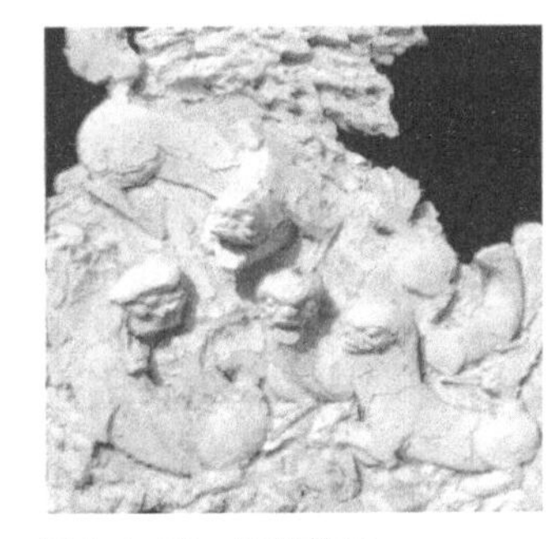

图4-1-25　铺纸筋灰

图4-1-26　铺色灰

灰塑匠师依照设定的颜色形象，把所需的颜料与纸筋灰混合拌匀，在定型的灰塑上铺加一层色灰面，又称“底色面”，可让最后添加的颜料保持其自身色泽较长时间，加色灰是对灰塑的最后修正和定型（图4-1-26）。

（6）彩绘

灰塑单个或整体雕塑造型之后，需要经过自然晒干，再进行彩绘。（通常在胶杯中注意调制颜料时不能用清水，石灰水起到固色、封闭表面，免受侵蚀的作用）。灰塑上彩时，要求色灰尚未凝固，要具有适当的湿度以便吸收各种色彩颜料，因此必须在完成色灰步骤后紧接进行。上彩顺序由浅到深，颜色逐步叠加。灰塑上彩干透后，颜色都会变淡，因此一般要上3次颜色才能保证色彩效果和持久性。完成上彩后，灰塑的制作过程基本完成（图4-1-27、图4-1-28）。

（7）养护

为使颜料被草筋灰完全吸收，最后仍要使灰塑在合适的湿度下包裹养护几天到一个月不等，让其颜料被纸筋灰完全吸收，才可开封。

图4-1-27　彩绘 1

图4-1-28　彩绘2

4. 岭南灰塑工程案例

清晖园的灰塑精彩纷呈，在造园中起到了画龙点睛的作用，从山墙、墙壁、连廊到门头、门楣，都运用了灰塑，衬托出了清晖园的细腻与雅致。

清晖园的山墙延续了广府传统建筑锅耳屋的造型，在墙上部边缘运用了特色装饰纹样“卷草纹”，寓意生机勃勃、祥瑞如意（图4-1-29、图4-1-30）；园子内围墙利用灰塑做了花鸟立体画“锦堂富贵”，寓意大富大贵、吉祥如意（图4-1-31）。

图4-1-29　清晖园墙面卷草纹灰塑

图4-1-30　清晖园墙面卷草纹灰塑

图4-1-31　锦堂富贵

清晖园灰塑的特色在于门头、门楣灰塑，给人非常雅致的情趣，充满诗情画意。在灰塑造型上使用了西方的拱门元素和罗马柱（图4-1-32～图4-1-34），为中西合璧的作品，也有与传统园林建筑圆形门结合的（图4-1-35）。

图4-1-32　门头灰塑

图4-1-33　连廊门头灰塑

图4-1-34　连廊门头灰塑

图4-1-35　连廊门头灰塑

清晖园在室内山墙顶部的灰塑也格外引人注目，内容丰富、色彩绚丽（图4-1-36～图4-1-38），这些灰塑具有岭南画派的特点，呈浮雕样式，从侧面看更加丰富生动。

图4-1-36　山墙顶部灰塑

图4-1-37　连廊墙面灰塑

图 4-1-38　连廊墙面灰塑

第二节 陶塑技艺

岭南地区陶塑与中原地区陶塑有所不同，一般是指石湾陶塑，主要分布在广东省佛山市禅城区石湾镇街道及周边地区的一种民间传统制陶技艺。广府地区传统建筑屋顶常采用陶塑屋脊，一般通过配制陶土、泥坯制作、调釉上釉、柴窑烧制等工序制作完成，并在施工现场进行拼接安装。

一、陶塑简介

古时岭南被称为“蛮夷之地”，古越族先民早已在此繁衍生息。秦汉时期，中原先进文化传入岭南地区，对岭南文化影响深远，岭南本土文化在与华夏文化交融的同时，仍旧保留了自身独特的文化特性，使得岭南民俗技艺呈现浓郁的地域文化特色。在现代考古挖掘的石湾贝丘遗址，发现新石器时代晚期许多印有方格纹、曲线纹、菱形纹、条纹等纹饰的陶片，这些几何纹样的陶片体现石湾先民制陶的审美意识和艺术创造能力，以及先民崇尚粗犷豪放、单一淳朴的艺术风格。岭南背靠五岭，面向海洋，岭南人自古就形成了向外拓展、奋发进取的冒险精神，石湾人物陶塑粗犷豪放的艺术风格是继承和延续岭南地域文化内涵的表现。

广东石湾是岭南地区重要的陶器产区，属于民窑体系，有三千多年历史，故有“石湾瓦，甲天下”之美誉。石湾盛产日常生活所需的瓦器（当地人称为“缸瓦”），也以陶塑——“石湾公仔”声名远播。先后在佛山石湾和南海奇石发现唐宋窑址，发掘出的半陶瓷器，火候偏低，硬度不高，坯胎厚重，胎质松弛，属较典型的唐代南方陶器。

自明代起，广东石湾打破了过去单一日用陶瓷出口的状况，艺术陶塑、园林陶瓷、手工业用陶器也不断输出国外，尤其是园林陶瓷，广受东南亚地区人民欢

图4-2-1　胥江祖庙正景（胥江祖庙）

迎。至今在东南亚各地以及中国港澳台地区庙宇寺院屋檐瓦脊上（图4-2-1），完整地保留有石湾制造的瓦脊有近百条，建筑饰品更是多得无法统计。石湾的陶店号在明代已称为"祖唐居"，至清末时名家辈出，行会组织日益精细，根据初步统计，共有二十四种行会之多。

明清时期，石湾陶塑发展兴旺，以其强大的生命力渗透到人们的生活、艺术之中，陶塑在19世纪末开始走向全盛，发展成为人物陶塑、动物陶塑、艺术器皿、山公微塑和建筑园林装饰等，是石湾陶塑艺人在瓦脊陶塑的基础上的再创新。瓦脊陶塑与案头陶塑有明显的视觉区别，前者需观众远距离仰头而观，而后者则可近距离欣赏并捧在手中把玩（图4-2-2）。

图4-2-2　石湾陶艺作品（竹林七贤）

二、陶塑技艺

1. 配置陶土

（1）选土。广东省佛山市石湾地区蕴藏丰富的陶土和岗砂，这是制作陶塑的主要原料。石湾陶土主要有白陶泥、红陶泥和瓷泥，以白、红陶泥为主要材料，瓷泥用量较少。白陶泥黏度适中，加水混合后水分不易挥发，有利于雕塑过程中有较长时间进行操作及翻模。

（2）炼泥。石湾地区本土的陶泥泥质粗糙，可塑性能差，陶泥要经过陶工的炼制才能塑造成型和上釉煅烧。陶工炼制陶泥，首先将陶土按一定的比例配搭混合、置于“泥井”，即炼陶土的方池，注入适量的水，待泥吸水松软，再掺入适量岗砂。过去人工操作时长达一两个月，现有机器辅助，泥土只需经过陈腐五天以上，使泥分解为极细微颗粒，然后将陶泥从池中取出堆放于地面，工人以脚踩踏，反复多次，使陶泥全部混合均匀，并且达至适度软性即称为熟泥，可用作轮制陶器原料。

2. 泥坯制作方法

陶艺坯体的制作主要分为泥板成型、印坯成型、泥条盘筑成型、拉坯成型、注浆成型和手捏成型等，也有把印坯成型和注浆成型统一划分为模具成型的分法。

3. 陶塑制作技法

石湾陶塑在塑造过程中，基本上表现雕塑艺术的所有技法，如贴塑、捏塑、捺塑以及刀塑等技艺方法，总体而言表现为雕和塑两种技法。

（1）捏塑

捏塑是石湾陶塑艺术的一种传统技法。这种技法是以泥条为基础，再用手捏制塑造，在一些手捏不到的部位或较细致的造型才借助简单工具进行雕琢。匠人按照大处着眼、小处着手的雕塑原则，先捏塑出整体大局的小样作为初稿，之后再根据取舍，塑造出高度概括的工艺品。捏塑的技法

图4-2-3 捏塑（菊城陶屋）

风格粗犷豪放，线条苍劲，类似于国画的大写意手法，具有极其浓郁的民间艺术特色。捏塑作品因为作者没有受到太多制约，多在无拘无束的状态下进行创作，是最能表现作者创作灵感的一种传统技法（图4-2-3）。

（2）贴塑

贴塑是一种在整体艺术形象基本完成后，用泥塑造细部，将其粘贴于主体上的技法。如古代将士的盔甲、仕女的凤冠、男子的须眉等。贴塑具有浓厚的装饰味道，有明显突出大体面和远视效果，具有明亮的层次和空间感。

（3）捺塑

这种技法介于捏、贴塑之间，也是在主体塑制基本完成后，以人工或简单工具在作品表面捺塑各种浮雕，以加强作品的艺术性。捺塑大多数是在造型平面上捺上各种浮雕，深浅适度，形态流畅，具有较强的装饰点缀意味，多用人物故事、动物鸟兽、林木山水等，与捏塑同属写意手法，考古学上称这种器物表面的装饰纹样为附加堆纹（图4-2-4）。

图4-2-4　捺塑（菊城陶屋）

（4）镂塑

镂塑又称镂通花，以镂空为主，综合捏、贴技法，多在坯体上把装饰纹样雕通，再贴以花卉、人物等并加彩。镂空技法的表现大多数是经过细致组织的花卉、弧线和几何图形等，多用于艺术器皿如花瓶、笔筒、挂壁及亭台楼阁等。

4．调釉上釉方法

（1）釉料

制作石湾仿钧釉的主要原料有桑枝灰（图4-2-5）、杂柴、稻草灰（图4-2-6）、河泥、玉石粉（图4-2-7）。

图4-2-5　桑枝灰

图4-2-6　稻草灰

图4-2-7　玉石粉

（2）釉色配置

石湾陶塑是用陶泥做坯胎，一般广钧釉色的施釉都是采取重复施釉法，也就是分为底釉和面釉，底釉可以覆盖陶泥坯胎表面的小气孔，而且减少陶泥坯胎对面釉的吸收。底釉以氧化铁为主要着色剂，黑色或是棕黑色，有些还酌量引入少量形成黑色氧化物（Fe_2O_3，MnO_2或Cr_2O_3等，很少单独引入钴的氧化物），面釉则随所需的颜色而变。

（3）施釉

施釉是让陶塑绽放生命光彩的重要手段。施釉采用各款料笔，有羊毛笔、狼毫笔、鸡毛笔、笃笔、扫笔、填笔等，一般要求笔锋尖细均匀而且有弹性。一般来说，采用点釉法颇多，用毛笔蘸釉在浸或者浇过的釉面上点滴成斑块，使釉面高低不一，这样烧成出来的花纹变化多样。施釉是先浸或浇一层约5～7毫米的底釉，接着在釉面上点滴或涂釉，使釉面出现厚薄不一的效果。也有石湾陶艺人采用弹釉的方法，他们用手沾上一些釉料，然后用指头弹到作品上，会产生很独特的艺术效果。石湾陶塑艺人不断地尝试不同的施釉方式，发掘出更多的能产生不同艺术效果的施釉法（图4-2-8、图4-2-9）。

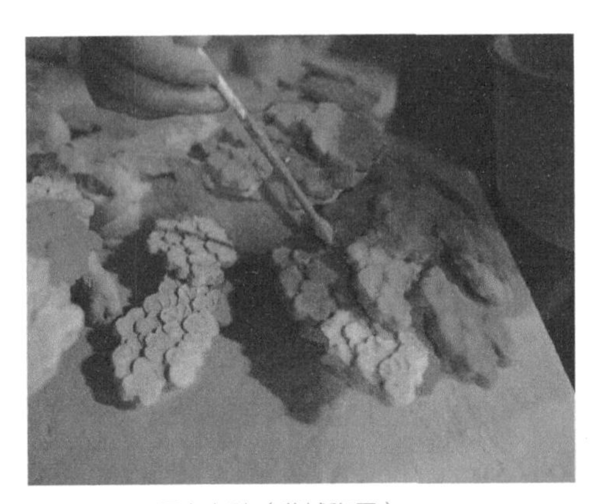

图4-2-8　匠人上釉（菊城陶屋）

图4-2-9　匠人上釉（菊城陶屋）

（4）烧制

煅烧温度的高低、煅烧时间的长短、煅烧部位的差异和煅烧所用燃料材质的不同都会影响到陶塑的品质。上好釉的陶塑，要在龙窑中煅烧，温度在1200～1300度之间，石湾陶塑采用陶泥胎，必须要加厚坯体厚度和降低玻化湿度才可以避免产生陶瓷制品的炸开，减少制品的报废（图4-2-10、图4-2-11）。

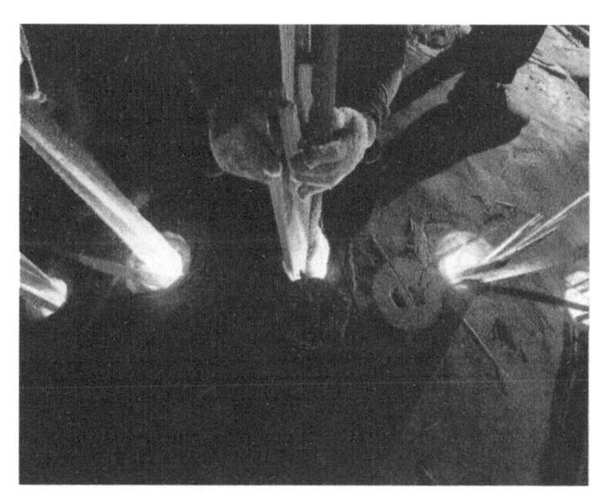

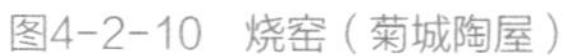

图4-2-10　烧窑（菊城陶屋）

图4-2-11　烧瓦（菊城陶屋）

三、岭南陶塑工程案例

在岭南传统建筑中，陶塑最集中表现在祠堂、庙宇的屋脊，俗称为“瓦脊陶塑公仔”。在岭南传统园林中主要表现在陶制水滴、瓦当、园林花窗、女儿墙栏杆等装饰构件，使得园林更加通透而有情趣，为岭南传统园林的塑造增加了浓重的色彩。

例如广州番禺余荫山房建筑上的蓝色琉璃陶瓦，色彩与蓝天相互映衬，瓦当上印有木棉花的图案，清晰明快，在阳光下晶莹剔透，体现了园林细节的美感（图4-2-12、图4-2-13）。

图4-2-12　建筑瓦当

图4-2-13　建筑瓦当

余荫山房中的半亭极具特色，呈半圆顶，以灰瓦为主，瓦当滴水采用蓝色琉璃瓦，形成色泽肌理的对比，亭子后的墙上用竹节形陶塑做了漏窗，增加了半亭的空间通透性，绿色的竹节漏窗也为亭子增加了趣味性，亭内设陶桌凳（图4-2-14、图4-2-15）。

图4-2-14　半亭（从侧面看）

图4-2-15　半亭（从正面看）

余荫山房中，陶塑构件也以花格子形式出现在花池围墙，增加了园林的通透感和细节的可看性，同时陶塑构件也具有岭南特色，园林中独特的景致，类似的陶塑花格构件还用在后门的玄关处，将后院的小门遮挡住（图4-2-16、图4-2-17）。

图4-2-16　花池陶塑构件

图4-2-17　玄关陶塑构件

余荫山房小姐楼的女儿墙，也用到了与瓦当同色系的蓝色矮柱，形态像花瓶，显示了建筑的精致与雅趣，同时满足建筑通透的功能（图4-2-18）。

余荫山房的一些水池围栏也用了陶塑的柱形栏杆，显得空间通透，搭配具有岭南特色的陶盆盆景，更是把园林的雅趣发挥到了极致（图4-2-19）。

图4-2-18　女儿墙陶柱

图4-2-19　水池围栏

在岭南传统园林中，大陶水盆和花盆也是营造空间氛围感必不可少的元素（图4-2-20），整体以绿或蓝为主色调，古朴而浓郁。

在岭南传统园林中，常在阁、楼、平台等处放置陶制桌、椅，便于观景与休憩，具有浓郁的岭南特色，绿色釉在光影的映衬下，格外青翠，也体现了一种闲适的情趣（图4-2-21）。

图4-2-20　天井聚水盆、花盆

图4-2-21　陶塑户外桌凳

第三节 木雕技艺

木雕在岭南传统建筑装饰中运用最广泛，岭南地区主要分广府和潮汕两种风格，广府地区善于原木精雕，潮汕地区善于金漆木雕。木雕首先要选用合适的材料，然后进行图纸设计，根据要求采用不同的雕刻技艺，经过粗雕、精雕和表面处理，完成木雕作品。

一、木雕简介

在岭南传统建筑装饰中，木雕载体多种多样，但凡木构件，大抵有雕刻，而且形式多样，内容丰富。岭南木雕在发展过程中形成了以广式家具、建筑木雕为代表的广府地区木雕，和以金漆木雕为代表的潮州木雕两大种类。

广府地区木雕产生距今已有二千多年历史，作为岭南传统民间工艺之一，广府地区木雕具有岭南艺术的独特魅力，同时又彰显着广府地区作为中西文化融合的形象，素以精细、繁复、华丽而闻名。与同属岭南木雕的潮州木雕在风格上有明显的差异，“潮派”以髹漆贴金木雕著称于世，广府地区木雕则注重保留木料的天然纹理，打磨光滑，髹漆明亮，配合各种具体形象的雕刻，形成天工与人工相结合的风格效果，注重具体形象的雕刻，讲究繁复而精细的装饰性，装饰面积往往达到80%，形象则追求粗犷而豪放，气势恢宏，是艺术装饰性与生活实用性的完美结合。

木雕的种类有沉雕、浮雕、圆雕和镂通雕等（图4-3-1～图4-3-4）。

图4-3-1 沉雕 牡丹花鸟案台沉雕（佛山梁园）

图4-3-2 浮雕（佛山梁园）

图4-3-3 圆雕 雀替（番禺余荫山房）

图4-3-4 镂空雕 花鸟透空双面雕（林汉璇工作室）

图4-3-5 黄飞虎反五关（广东省博物馆）

岭南木雕的题材主要分为人物故事传说（图4-3-5、图4-3-7）、世俗生活、动植物题材（图4-3-6、图4-3-8）、文字图案题材和其他题材。

图4-3-6 西洋卷草纹雕刻木雕（番禺余荫山房）

图4-3-7　水漫金山寺（源于《潮州木雕工艺与制作》）

图4-3-8　蹲狮-名狮高徒（潮汕己略黄公祠）

岭南木雕在古建筑中的载体主要分为以下三大类：梁架部分雕刻、檐下部分雕刻和门窗部分雕刻（图4-3-9～图4-3-12）。

图4-3-9　梁架木雕（番禺余荫山房）

图4-3-10　天官赐福（番禺余荫山房）

图4-3-11　窗（番禺余荫山房）

图4-3-12　檐廊木雕（番禺余荫山房）

二、木雕技艺

木雕作为岭南传统建筑重要装饰艺术，题材丰富，物像造型简练，神态生动逼真，刀法明快有力，具有很高的艺术水平。木雕的创作步骤大体分为四个阶段：第一阶段是雕刻前准备；第二阶段是雕凿粗坯；第三阶段是精雕细刻；第四阶段是表面处理。

1. 木雕工具

木雕主要运用到的工具有：圆凿刀、平刀、斜刀、中钢刀、蝴蝶凿、三角刀、敲锤、木锉、斧头、描绘工具以及一些颜料、金属粉箔等（图4-3-13～图4-3-21）。辅助工具也有很多，如锯子、磨刀石等。

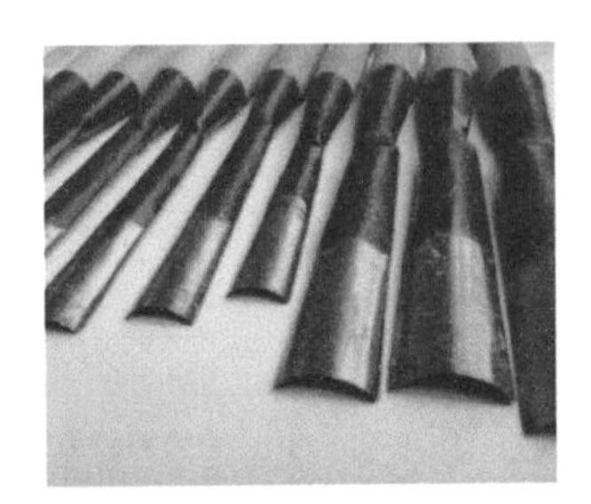

图4-3-13　圆凿刀

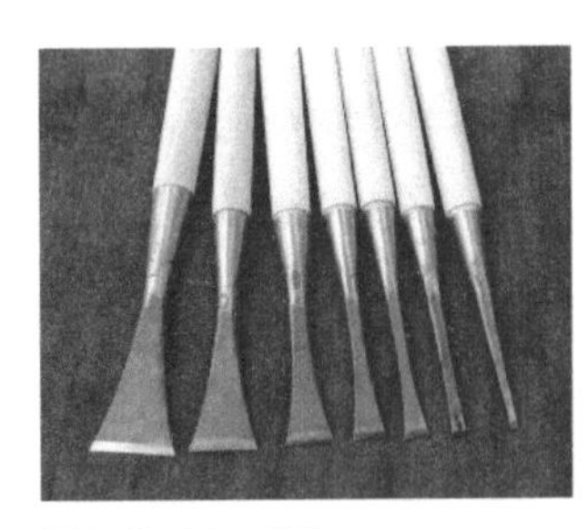

图4-3-14　平刀

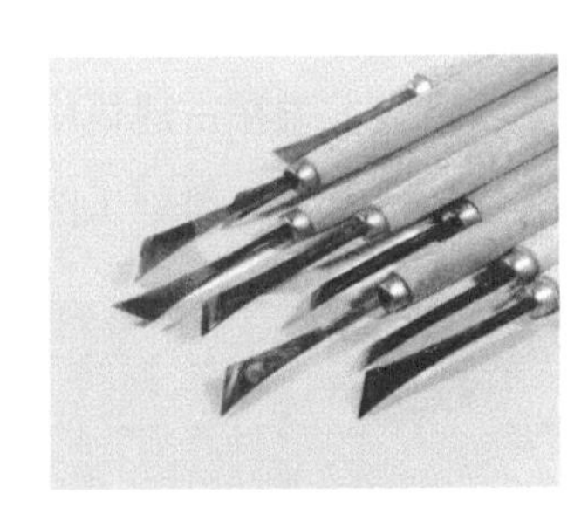

图4-3-15　斜刀

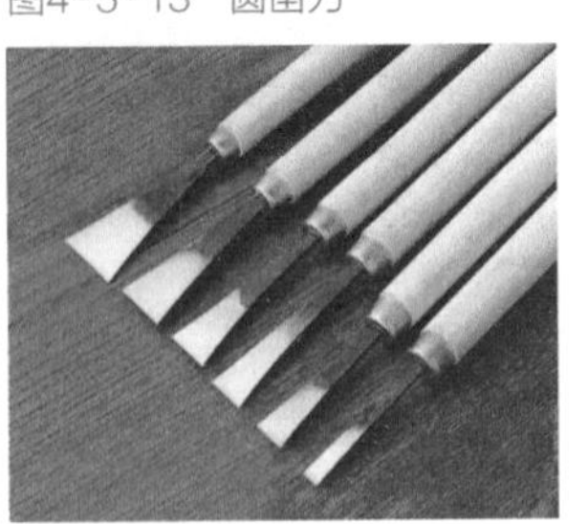

图4-3-16　中钢刀

图4-3-17　蝴蝶凿

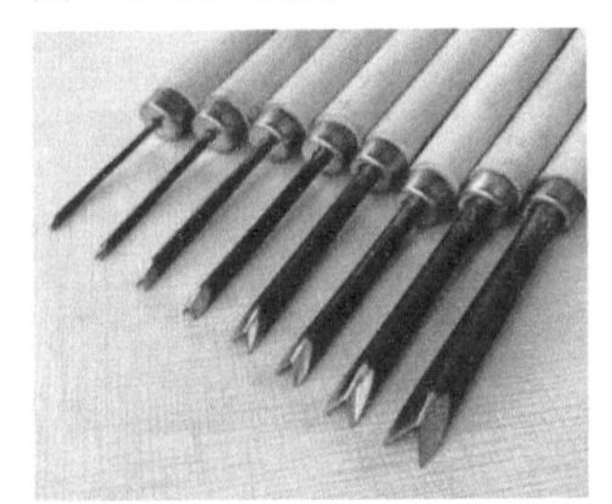

图4-3-18　三角刀

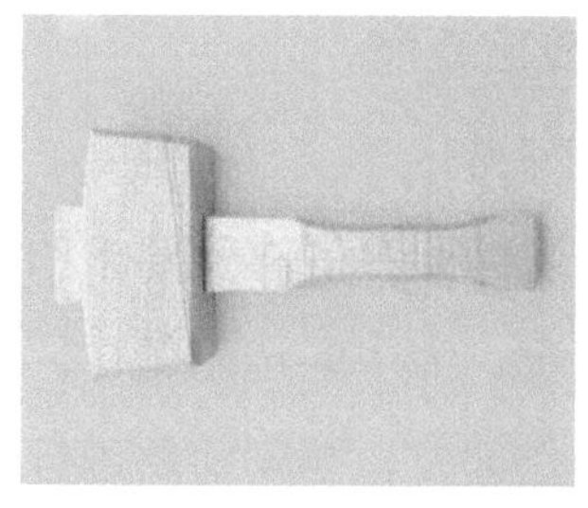

图4-3-19 敲锤

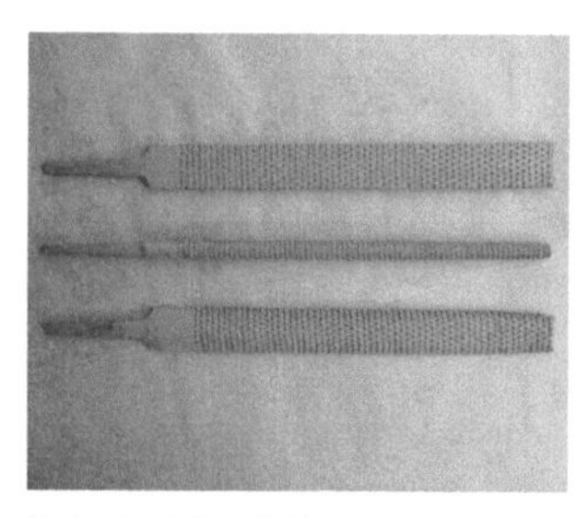
图4-3-20 木锉

图4-3-21 斧头

2. 木雕材料

（1）木料

在进行岭南木雕制作过程中，所选用的木材主要有珍贵的硬木木材（图4-3-22）和普通的木材两大类。

（2）金属粉箔

潮州木雕流行粘贴或髹涂金属粉箔的装饰手法，所敷贴的金属粉箔主要有金箔、银箔、锡箔、铝箔、铜粉等，其中以金箔最为常用。髹漆贴金装饰是潮州木雕的主要特点之一，故又有“金漆木雕”之称（图4-3-23）。

（3）颜料

在漆料中调入红颜料，可使金箔的颜色更加辉煌亮丽。根据装饰需要调配各色颜料，髹涂于木雕饰件的外表，或用平涂、没骨、钩填等技法在器物漆面上绘画各种纹饰。

图4-3-22 木料

图4-3-23 金属粉箔

图4-3-24　在草图纸上定稿创作（陈素良工作室）

3. 木雕技艺流程

（1）构图设计

木雕匠师依据业主的喜爱要求和具体建筑的情况，为木雕选定题材，测量相应的制作部位，雕刻前要进行充分的艺术构思（图4-3-24）。

（2）雕凿粗坯

雕凿粗坯是开始雕刻的第一道工序，也称“定形”“打粗坯”“削切毛坯”等，是指雕凿、削切出作品的形状粗坯。雕凿粗坯的过程：把草图画稿粘贴或复印在板面（板状木雕作品）上，或用粉笔直接画上去，然后才开始雕凿出作品大致轮廓或结构（图4-3-25）。先雕凿出表面层，再逐渐深入雕凿（图4-3-26）。

图4-3-25　花瓶形背板草图（何世良工作室）

图4-3-26　荷花粗雕（何世良工作室）

（3）深入雕刻

这一阶段的工作主要是对粗坯的进一步切削和深入雕刻，一般说来，用平刀及斜刀进行细致雕刻的效果会比较好，而且效率也比较高。在雕刻过程中，一定要注意细节，慢工出细活，防止因雕刻的疏忽而毁了整体。在运刀过程中，注意不要在作品表面留下刀痕，尤其是珍贵的红木类木雕作品，要压紧刀具再运刀、行刀，以防止因行刀过程中刀具的颤动和打滑而导致作品效果走样。如（图4-3-27）为“花瓶图案”的细致雕刻。

图4-3-27　花瓶型背板的细致雕刻（何世良工作室）

（4）精雕

精雕是木雕艺术创作中最为精细，也是最为重要的一道工序，这也是把精雕放在打磨修光之后的主要原因。精雕过程中要求工匠要十分小心谨慎，稍有偏差就会造成作品破损，影响效果。如人物的嘴唇、头发、指甲、眼睛，昆虫的触角，飞禽的喙，蜘蛛的网以及植物的须等都需要精雕来完成，使作品达到细腻、生动的效果，（图4-3-28）为“花瓶图案”花纹的精雕。

图4-3-28　精雕（何世良工作室）

（5）打磨修光

打磨的时候一定要注意砂纸运动的轨迹，根据作品的木质和纤维纹理来顺着木纹或者逆着木纹纹理来进行，即砂纸走向路线与木纹线平行；不能使砂纸运动轨迹和纤维方向垂直打磨，避免造成作品表面起屑、起皱，产生波纹状，从而破坏平面（图4-3-29）。

图4-3-29　打磨（何世良工作室）

（6）表面处理

表面处理这一阶段的工作主要是对雕刻完成的木雕作品表面进行涂饰，以弥补木雕作品表面的不足或者缺陷，美化作品并起到保护作品，使作品寿命延长的作用。本阶段主要有两种方法，一种是涂饰涂料，即所谓的上漆；另一种是贴金，以形成岭南木雕中最有特色的金漆木雕作品。如用木蜡油作保护的佛像（图4-3-30）。

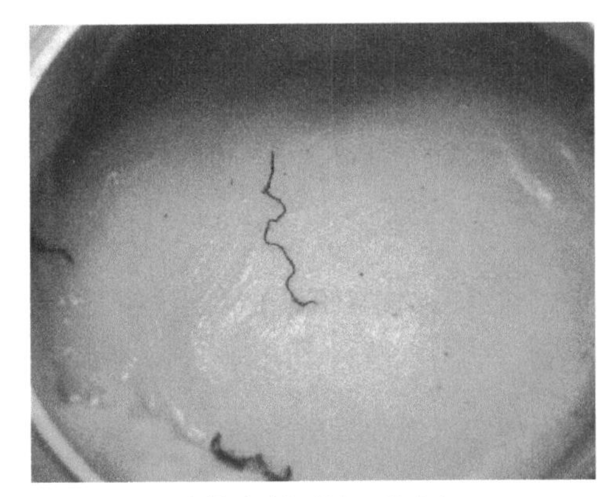
图4-3-30　木蜡油（何世良工作室）

三、岭南木雕工程案例

余荫山房又称余荫园，木雕为余荫山房整个装饰起到了画龙点睛的作用，从梁架、挂落、檐廊到门窗，都运用了木雕，充分表现了岭南园林建筑的独特风格和高超的造园艺术（图4-3-31、图4-3-32）。

余荫山房的建筑局部细致精巧，镂空的花罩、挂落，通透的门窗、横披、栏杆，高大开敞的厅堂，檐廊相接、虚实相接的布局，造就一种玲珑通透的意境。

余荫山房为显示岭南建筑具有遮阳避雨的功能特点，林池别馆有较深的前檐廊。檐廊天花及檐柱栏杆均采用“卍”字图案木雕（图4-3-33）。“卍”从形式上看似几何形纹饰，从其上下四端延伸绘制出各种连续纹样，意为绵长不断，有富贵不断之意，这种标志古时曾译为“吉祥云海相”。

图4-3-31　照壁木雕

图4-3-32　隔断木雕

图4-3-33　临池别馆（番禺余荫山房）

闻木樨香水榭（图4-3-34）。这座建筑为八角卷棚歇山顶建筑，窗户八面开启，玲珑通透，又置身水中，故又称玲珑水榭，是园主人聚集骚人墨客挥毫雅叙的地方。榭内设八条檐柱和四条金柱，均用坤甸木制成，八面设有明亮的细密花格长窗，榭内雕刻了多种动植物题材木雕，家具与窗棂色彩一致，产生整体搭配和谐之美，具有很强的观赏性和研究价值。如榭内的“百鸟归巢”挂落，制作别出心裁，细数只得79只，原来有些是一鸟双首，分向前后，令人忍俊不禁，寓子孙虽各散东西，但不离其宗之意（图4-3-35）。又如深柳堂的“松鼠葡萄”挂落，松鼠为繁殖力极强的动物，葡萄结果累累，表达园主祈求宗枝繁衍昌盛的心态（图4-3-36）。

图4-3-34　闻木樨香水榭（摄于番禺余荫山房）

图4-3-35　榭内的“百鸟归巢”挂落

图4-3-36　深柳堂的“松鼠葡萄”挂落（摄于余荫山房）

余荫山房的家具是广式家具的代表，样式为清代中晚期，雕刻精致，还采用镶嵌的手法，与贝壳、彩色玻璃、大理石结合，体现了传统广式家具在造型和雕刻上的造诣，有些家具造型借鉴西方家具，形成独特的中西合璧样式（图4-3-37～图4-3-40）。

图4-3-37　余荫山房太师椅

图4-3-38　余荫山房沙发

图4-3-39　余荫山房中西合璧沙发椅

图4-3-40　余荫山房贝母雕刻八仙桌

余荫山房木雕的一个特点就是木雕花窗与套色玻璃结合的满洲窗运用。在不同的空间窗户，上面都雕刻出不同的图案花型，几乎都运用了进口套色玻璃，并且没有一个空间的满洲窗造型相同，或具有古朴的传统韵味，或有中西合璧的味道，套色玻璃在园林中更加丰富了观者的视觉感受，增加了游园的趣味性和园林的层次感（图4-3-41～图4-3-44），尤其外面阳光强的时候，屋内似开了彩色花灯。

图4-3-41　木雕满洲窗

图4-3-42　木雕满洲窗

图4-3-43　木雕满洲窗

图4-3-44　木雕满洲窗

第四节 砖雕技艺

砖雕应用载体丰富，纹饰精美多姿，是岭南传统建筑装饰的显著特色。广府砖雕可在单块砖上进行独件砖雕，也可若干块联合完成砖雕。砖雕经过构思、修砖、上样、凿线刻样、开坯、打坯、出细、修补、整体收拾及拼接安装等步骤组成。

一、砖雕简介

广府砖雕既是中华民族数千年砖雕艺术的一个重要支流，也是岭南地区传统的民间技艺特色，是非物质文化遗产的重要组成部分。广府砖雕以精心制作的水磨青砖为主要材料，雕刻非常精细，细如发丝，所以又被称为“挂线砖雕”。在封建社会，对建筑有严格的等级限制，《宋史》记载，“六品以上宅舍，许做乌头门，凡民庶家，不得施重拱、藻井及五色文采为饰”，而砖雕却不在限制的范围之内。魏晋南北朝时期，除画像砖依旧盛行在陵墓中起装饰作用外，砖塔的兴起也给砖雕提供了更广阔的施展空间，塔基成为砖雕最集中的地方。唐朝时期，盛行花砖铺地，纹样以宝相花、莲花、葡萄、忍冬等为主，工艺上采取模压印花后再进行雕刻，砖雕从此走向繁昌。

砖雕技法在清代发展到了顶峰，砖雕技法趋于多样化，在见方尺余、厚不及寸的砖上雕出情节复杂、多层镂空的画面，景象从近到远、层次分明。此时砖雕在全国范围内被普遍使用，并形成了南北不同的风格特征，广府砖雕则吸收了北方砖雕的特色，取材于高质量建筑青砖，并且在材料和雕刻技法上更加细致讲究。发展到明清，广府砖雕在艺术上和技术上都取得了较大的成就，且应用范围广泛。

广府砖雕雕刻手法多样，主要包括：阴刻、浅浮雕、高浮雕、透雕、圆雕

图4-4-1　阴刻砖雕（何世良工作室提供）

图4-4-2　浅浮雕

图4-4-3　余荫山房漏窗透雕局部

图4-4-4　何世良工作室圆雕作品

等。（图4-4-1～图4-4-4）。

广府砖雕的题材非常丰富，多表现世俗生活，代表了大众的审美理想，主要有以人物为主的题材、以花鸟、动物为主的题材和图案、文字题材（图4-4-5～图4-4-10）。

图4-4-5　人物砖雕（余荫山房）

图4-4-6　人物砖雕（宝墨园）

图4-4-7　荷花砖雕（何世良工作室）

图4-4-8　瑞兽（可园）

图4-4-9　蝙蝠博古砖雕（余荫山房）

图4-4-10　砖雕博古纹构件（可园）

砖雕的建筑载体通常是祠堂、庙宇、民宅等建筑的墙头、墀头、照壁、神龛、檐下、门楣及窗檐等部位（图4-4-11～图4-4-13）。

图4-4-11　余荫山房的砖雕神龛

图4-4-12　山墙墀头人物砖雕（陈家祠）

图4-4-13　清晖园某建筑门楼砖雕

砖雕可把物象雕刻成纤细程度如丝线一般的图案，且线条流畅自如、层次分明、富有立体感，互相呼应，故事丰富，场景连贯。砖雕借古喻今、追求吉祥如意，寄托民间淳朴的生活理想。在人物题材中包含“仁”“义”“礼”“孝”等传统思想，具有深刻的教育意义，如砖雕《郭子仪拜寿》被民间作为崇敬、洪福、长寿的象征而普遍应用，传达的是晚辈对老者的敬意和孝道。

二、砖雕技艺

广府砖雕在技法上最突出、最具特色的是有“挂线”之称的深雕手法，要把细节刻画到如丝的境界，需要极为深厚的雕刻功底，同时需要雕刻者具有极高的审美水准。

1. 砖雕工具

砖雕的主要工具有凿、刨、锯、铲、钻、捶等（图4-4-14～图4-4-17）。因砖的材质硬度介于木料与石料之间，但比木料脆，易碎易裂，故刃口一定要坚硬，所以砖雕工具的刃口是钨钢。

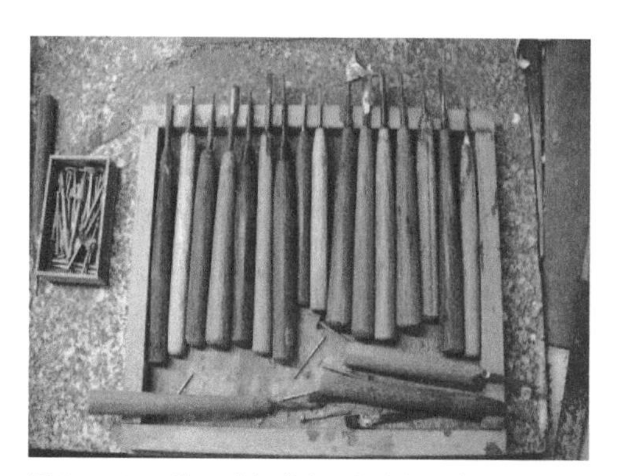

图4-4-14　凿子（何世良工作室提供）

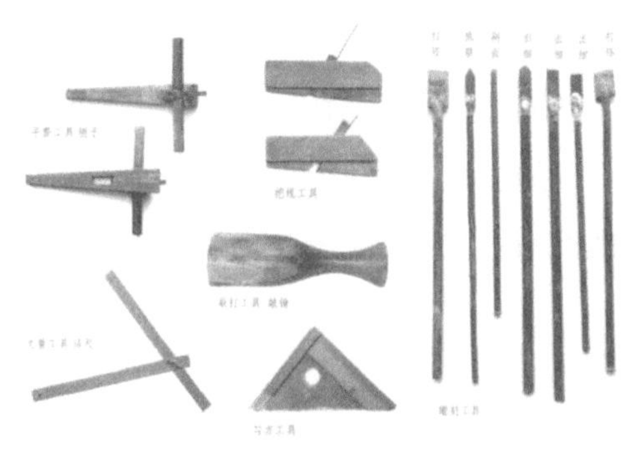

图4-4-15　古代砖雕平整、丈量、磨钻、雕刻、敲打常用工具

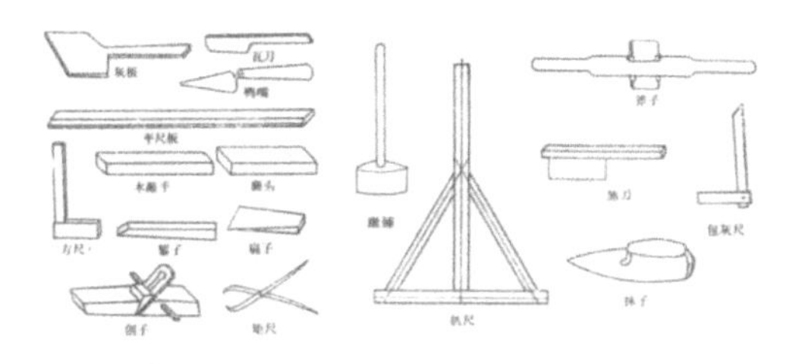

图4-4-16　古代砖雕安装施工常用工具（摘自《中国古建筑瓦石营造》）

图4-4-17　砂纸

2. 砖雕材料

砖雕一般首选青砖，因为它硬度适中，便于雕刻。青砖的砖雕成品之所以能经受数百年的日晒雨淋，是因为青砖的制作工艺流程复杂且极其考究，砖材质细腻、硬度高、色泽一致、砂眼少，敲击时没有劈裂声，软硬适度，适合刀刻。砖雕最佳砖材就是特制水磨细青砖，如广东东莞青砖中上乘的绿豆青（拣青）（图4-4-18）。

图4-4-18　青砖

3. 砖雕技艺流程

（1）构图设计

砖雕之前先确定雕刻尺寸，画好雕刻样图。有的画稿是请当地名画家、名书家提前画好样稿，工匠们负责打样，有的是由砖雕匠人与主人沟通后，进行图案设计，然后画稿。落稿是将画稿拓印在砖面上，即在画纸上用缝衣针顺着线条穿孔后（约1毫米一个针孔）平铺于砖面，用装着黑色画粉的粉包顺着针孔轻轻拍压画稿，然后用笔在砖块上画出所要雕刻的图案，但有些地方由于层次丰富，在雕刻的过程中有可能会被雕去，不能一次性全部画出，往往会采取随画随雕、边雕边画的方法。（图4-4-19）。

图4-4-19　画稿

（2）上样

创作所需图案勾画到砖坯上，砖雕作品主要靠雕凿工艺来表现透视感，每雕凿一个层次放样一次，随着工序的推进再逐步完成，经过多次放样，能有效避免众多线条在雕凿中被无意凿掉而导致的重复描绘。上样是按照画好的图案轮廓，在砖面上刷一层白浆，将图案稿平贴在上面（图4-4-20）。

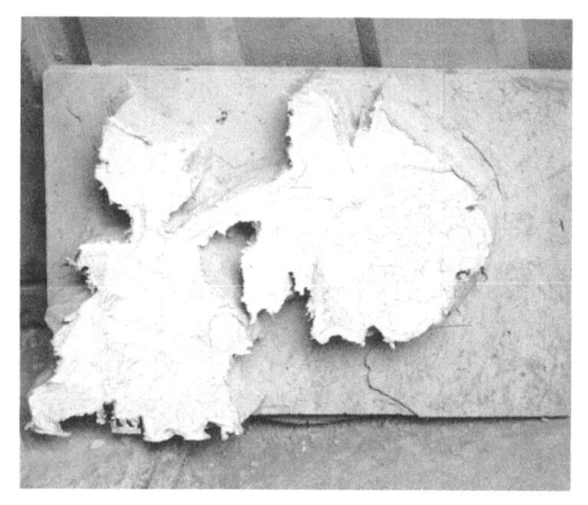

图4-4-20　上样（何世良工作室）

（3）凿线刻样

将已挑选好的青砖，打磨成坯，用最小的凿子沿画笔的笔迹在砖坯上浅刻一遍，将图案的基本轮廓、层次表现出来，使图案形象定位，也对每一部位的青砖进行编号并对接（图4-4-21），将对接好的图案与样图进行对比，根据实际情况可作适当的调整。凿线，古代也称这为“耕”，即用工具沿着画出的笔迹浅细地凿出沟来。每画一次就耕一次，直到最后阶段雕刻完毕，当然在不影响操作的前提下也可以不耕（图4-4-22）。

图4-4-21　编号对接（何世良工作室）

图4-4-22　凿线（何世良工作室）

（4）开坯

根据图案纹样用小凿在砖上描刻轮廓然后揭去样稿，钉窟窿。根据耕出或凿出的阴线，凿去画面以外的部分就叫作“钉窟窿”。这一工艺最大的意义是可以决定雕砖作品的最底层深度，清楚地分出图案中的各个层次和每个层次中具体图像的外部轮廓（图4-4-23）。

（5）打坯

打坯就是用刀和凿在砖上刻画出画面构图、景物轮廓、图案层次，确定景物具体部位，区分前、中、远三层景致，这道工序需要有经验的师傅来完成，非常讲究刀路、刀法的技巧。打坯通常先凿出四周线脚，然后进行主纹的雕凿，再凿底纹，这一步完成大体轮廓及高低层次（图4-4-24）。

（6）出细

出细又称刊光，即进一步精细雕琢，细部镂空。用锯、刻、凿、磨等多种工艺方法，进行精细的刻画图案，如（图4-4-25）中，匠人对房子、宝瓶和蝙蝠进行精细雕刻，力求尽善尽美。

（7）修补

对因微小雕刻失误或砖内砂子、孔眼所引起的雕面残损，可用猪血调砖灰进行修补。用糙石磨细雕凿粗的地方，如发现砖质有砂眼，干后再磨光（图4-4-26）。

（8）接拼、安装

最后将雕刻完成的各砖雕部件用粘接、嵌砌、勾挂等方式，安装到预设的建筑装饰部位，完成组合砖雕的

图4-4-23 开胚（何世良工作室）

图4-4-24 打胚（何世良工作室）

图4-4-25 出细（何世良工作室）

图4-4-26 修补（何世良工作室）

制作，这需要在建筑工地现场完成。工艺程序完成之后在砖的外表面刷一层桐油，起到保护砖体防止风化的作用。

三、广府砖雕工程案例

砖雕是广州番禺宝墨园最显著的特色，宝墨园中的《吐艳和鸣壁》（图4-4-27），长22.38米，高5.83米，厚1.08米，前后两面总面积260.95平方米，是何世良工匠用时三年完成的当代砖雕巨幅佳作，壁的背面则雕有东晋书法名家王羲之的《兰亭序》，采用广府砖雕中圆雕、透雕、浮雕以及难度极高的“挂丝砖雕”等技法，笔意、神韵跃然“砖”上（图4-4-28）。《吐艳和鸣壁》共雕有600多只鸟（图4-4-29—图4-4-38），奇花异卉500多种。由于青砖质地松脆，容易崩折，一般砖雕镂空较浅，何世良工匠为了增强影壁的立体感，千方百计让雕刻物“凸”出来。《吐艳和鸣壁》所用几万块砖为清代的老砖。

图4-4-27 《吐艳和鸣壁》砖雕照壁

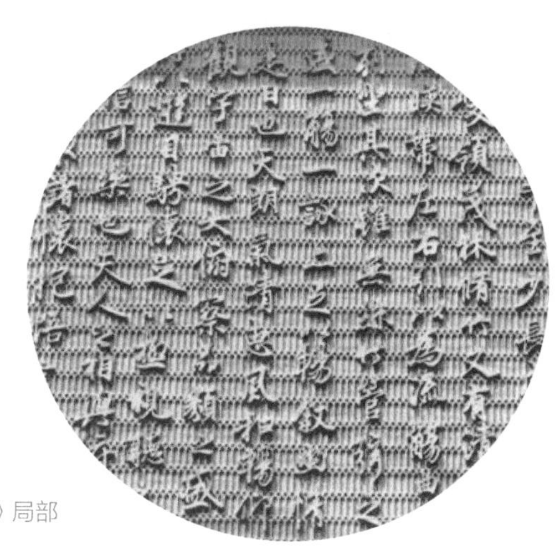

图4-4-28 《吐艳和鸣壁》局部

图4-4-29　凤凰图砖雕

图4-4-30　朱雀砖雕

图4-4-31　鹭鸶砖雕

图4-4-32　孔雀砖雕

图4-4-33　丹顶鹤砖雕

图4-4-34　鸾鸟砖雕

图4-4-35　老鹰砖雕

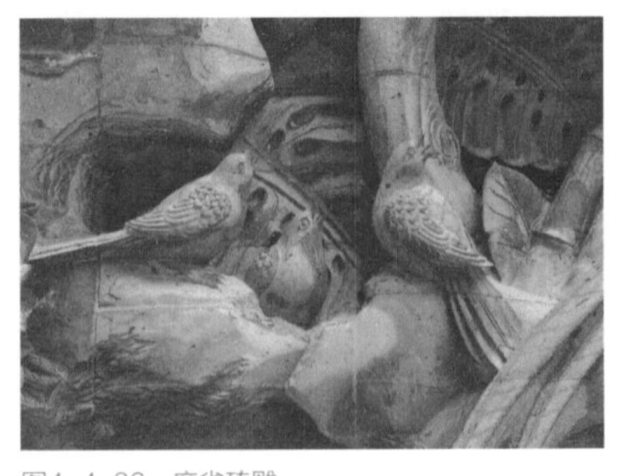

图4-4-36　麻雀砖雕

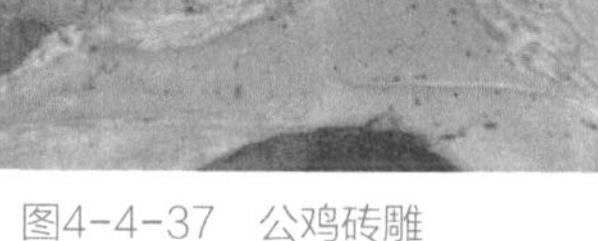

图4-4-37　公鸡砖雕

图4-4-38　凤凰砖雕

宝墨园墙壁砖雕作品“开封府断案”中（图4-4-39），画面中人物分布在两层建筑中，通过一个故事，把众多人物组合在一起，姿态各异、形神兼备。另一幅墙壁砖雕是“光明正大”图（图4-4-40），同为断案，但从不同角度来诠释，表明了园子主人对家人要求为官清廉公正的美好祈愿。宝墨园墀头砖雕开封府断案与墙壁砖雕题材呼应，人物生动，场景大气（图4-4-41）。

图4-4-39　开封府人物砖雕

图4-4-40 “光明正大”图人物砖雕

图4-4-41 开封府断案砖雕

第五节 石雕技艺

石雕技艺在广东潮汕地区最为精致，多表现在柱子、门楼等部位。石雕首先选用合适的石料，经过起草稿、捏、剔、磨、镂和雕等工序，完成石雕作品。

一、石雕简介

在漫长的旧、新石器时代，石器加工是岭南原始先民谋生的重要手段。在珠江口的香港、澳门、珠海等地发现多处岩刻，是以复杂的抽象图案为主，采用凿刻的技法，尤以青铜时代的珠海市南水镇高栏岛最大的一幅高3米、长5米的岩刻为例，明文凿刻，线条清晰，从复杂的线条中还能辨认出人物神态和船刻。

迄今人类包罗万象的艺术形式中，没有哪一种能比石雕更古老，石雕艺术为人们所喜闻乐见、亘古不衰。不同时期，不同的需要，不同的审美观，不同的社会环境和社会制度，使石雕在类型和样式风格上都有很大变迁。

自古岭南人敬畏神，并有很强烈的宗族观念，他们的创作题材也多与历史名人故事、神话故事以及宗族有关，逐渐形成了自己独有的特色，最具有岭南特色的石雕要数广府地区和潮汕地区。

石雕雕刻技法可以分为浮雕、圆雕、沉雕、影雕、镂雕、透雕（图4-5-1～图4-5-4）。

图4-5-1　门枕石浮雕（番禺留耕堂）

图4-5-2　牛腿圆雕（花都资政大夫祠）

图4-5-3　雕刻有祥龙和卷草的抱柱石（番禺宝墨园）

图4-5-4　透雕（番禺余荫山房）

岭南石雕的题材主要有动物、花卉果木、博古藏品、吉祥文字、纹样图案、人物（图4-5-5～图4-5-8）和其他题材。

图4-5-5　猴子（东莞可园）

图4-5-6　祥龙石雕（番禺宝墨园）

图4-5-7　莲花（东莞可园）

图4-5-8　武将（番禺宝墨园）

石雕的建筑载体主要有柱、墀头、月台、栏杆、门楼、石狮子、石牌坊和石经幢等，兼具结构与装饰双重功能（图4-5-9～图4-5-11）。

图4-5-9　花形柱础（佛山梁园）

图4-5-10　红砂石门楣（番禺留耕堂）

图4-5-11　青白石窗（广州粤剧博物馆）

广府石雕和潮州石雕以门框、门槛、柱、梁、栏杆、台阶为主要载体。不同的是广府石雕多以浮雕为主要雕刻形式，而潮汕石雕则突出圆雕、镂空雕等多种雕刻形式。建筑室外的柱子、栏杆、墙裙等部位雨淋日晒，多采用质坚的花岗岩，如有浮雕、圆雕等雕刻手法结合在一起的台基，有“子孙绵延，富贵吉祥”之意，整体感觉厚重、朴素。潮汕石雕以名人祠、观光塔、祖祠居多。潮湿多雨的自然环境使得岭南建筑更适合石材作为建筑构件，也给石雕带来了更多发展空间。

二、石雕技艺

石雕作为传统建筑特有的室外装饰艺术，以石材为主要材料。选择石料时，对石材常见的缺陷也要留意。当选用的石料有纹理不顺、污点、红白线、石瑕和石铁等问题时，要及时处理，而有裂纹、隐残的石料最好不要选用。有瑕疵的石料尽量不要在重要的，具有观赏价值的构件中使用。石料决定了石雕的材质和基本原始形态，最终决定石雕作品质量的，还是石雕的制作工艺和石雕艺人的金石技巧。

图4-5-12　石雕凿和石雕锤

1. 石雕工具

石雕的制作工具主要有雕塑刀、石雕凿、石雕锤、木雕刀、弓把、点型仪等（图4-5-12、图4-5-13）。

图4-5-13　木雕刀

2. 石雕材料

岭南石雕常用石材主要是花岗岩，也使用油麻石、青白石、红砂石、滑石等。花岗岩属于岩浆岩，由长石、石英和云母组成，岩质坚硬密实（图4-5-14）。花岗岩质地坚硬，不易风化，适于做台基（图4-5-15）、阶条石、地面等，花岗岩石纹粗糙，不宜精雕细镂。材料的选择对整个雕刻的过程来说，是相当重要

图4-5-15　花岗岩（广州光孝寺）

图4-5-14　选取石材（揭阳石雕厂）

的，要根据所表达的主题和雕刻对象的规模大小来选取合适的石料。

3. 石雕技艺流程

（1）“捏”

在石雕最初阶段的捏就是打坯样，也是创作设计的过程。有的雕件打坯前先画草图（图4-5-16），有的先捏泥坯或石膏模型（图4-5-17），这些小样便于形态的推敲，避免在雕刻大型石雕时出差错。

图4-5-17　打坯（揭阳石雕厂）

图4-5-16　草图（揭阳石雕厂）

（2）“剔”

“剔”又称“摘”，就是按图形剔去外部多余的石料。雕刻大型的石雕时，因为石料体积比较庞大，故会用机器来“摘”。“摘”完之后表面若还需除去少部分的石料时，通常会采取“机器剔除”（图4-5-18），这会便于使切口更加规整且统一，接着要扫除表面沾着的废石料。

图4-5-18　加水剔去石料（揭阳石雕厂）

（3）“磨”

石料表面本身就有许多颗粒，需要打磨后才便于雕刻。在“摘”之后，人工先粗略对石料粗糙表面进行打磨（图4-5-19），接着用水边淋湿边细磨（图4-5-20）。

图4-5-19　打磨（揭阳石雕厂）

图4-5-20　再次打磨（揭阳石雕厂）

4）“镂”

“镂”即根据线条图形先挖掉雕件内部多余的石料，镂空雕主要用途是在石板和圆柱上，这些地方的镂空雕可以形成立体的画面，更精致的环境，更美观和更加直接的视觉感受。如肇庆龙母祖庙的龙柱子，多处镂空，龙的形态更加生动，龙仿佛天神下凡般，更具神秘感（图4-5-21）。

图4-5-21　龙柱子（肇庆龙母祖庙）

5）“雕”

“雕”就是最后进行仔细的雕琢，使雕件成型。先勾勒出大体图案的形状（图4-5-22），然后用打磨器使图案变得更立体（图4-5-23），初步的轮廓完善之后（图4-5-24），还要再进行细磨（图4-5-25）。

图4-5-22　勾勒大体（揭阳石雕厂）

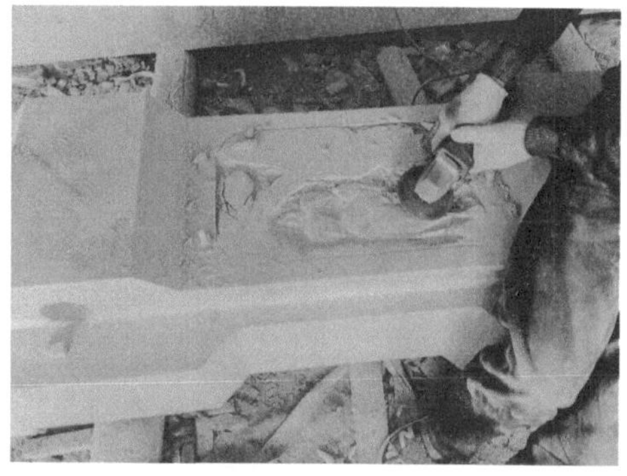
图4-5-23　打磨图案（揭阳石雕厂）

图4-5-24　初步轮廓（揭阳石雕厂）

图4-5-25　细磨（揭阳石雕厂）

三、岭南石雕工程案例

余荫山房石雕具有岭南传统园林特色，雕刻形象而华丽，细节看点多样。例如大的台基、柱基、门框等石构件，都非常注重边缘线条的雕琢，呈须弥座式、莲花式或如意式等（图4-5-26～图4-5-28）。

图4-5-26　台基

图4-5-27　如意门

图4-5-28　石雕柱基

余荫山房处处透露着园主人对园林的精致要求，岭南传统园林的砖雕、石雕都能在余荫山房都能欣赏到，石桥、斗拱、牛腿、抱鼓石等石雕（图4-5-29～图4-5-35），精致而有张力，在岁月的洗礼下给人带来一种朴实、怀旧的感觉。

图4-5-29　石桥

图4-5-30 石雕构件（余荫山房）

图4-5-31 石雕构件（余荫山房）

图4-5-32 抱鼓石底座

图4-5-33 基座石雕构件（余荫山房）

图4-5-34 牛腿石雕构件（余荫山房）

图4-5-35 石雕摆件（余荫山房）

第六节 嵌瓷技艺

嵌瓷又名“聚饶”“粘饶”“扣饶”，是用碎瓷片通过艺术性拼贴，展现在建筑屋脊、墙壁等部位的独特建筑艺术形式。嵌瓷的制作过程主要分为图稿设计、灰浆调制、塑胚胎、敲剪瓷片和镶嵌瓷片，最后综合调整。

一、嵌瓷

嵌瓷是岭南传统建筑的一种民间装饰技艺，流行于广东潮汕地区。嵌瓷最初主要用在祠堂、庙宇及民居“四点金”“下山虎”等建筑物的屋顶装饰，后来随着人们欣赏水平的不断提高，匠人们将其制成便于搬运的小件艺术品供人们欣赏、陈列、收藏。

嵌瓷技艺历史悠久，据《广东工艺美术史料》记载，嵌瓷的出现可追溯至明代万历年间，盛于清代，迄今已有三百多年历史。潮汕地区地理环境与嵌瓷的历史发展情况息息相关，潮汕地区地处东南沿海，属于多雨湿润的气候，一定程度上制约了建筑材料的生产发展。嵌瓷本身不怕风吹日晒，长久保持光鲜亮丽，而且还兼具富丽堂皇的气质，这是砖雕、灰塑、木雕所不能替代的，因此嵌瓷工艺逐渐风靡起来。

清乾隆二十七年，潮州知府周硕勋修撰的《潮州府志》中对潮州民居有这样的描述：“望族营造屋庐，必建立家庙，尤加壮丽。”很多名门望族都不惜花费大量钱财来建造本族祠堂，并且进行大规模的装饰，这种风俗现象逐渐成为了潮汕人的一种精神传承。潮汕祠堂建筑比起民居建筑更加注重“富丽壮观、类于皇宫”的效果，在风格上追求庄严、华丽、大气。

潮汕民居也普遍采用嵌瓷来装饰，一般运用在房屋正门、过厅大堂、屋脊山墙、门窗格扇、梁、架、柱、枋等位置。

嵌瓷的种类主要有平嵌、浮嵌和立嵌三种（图4-6-1～图4-6-4）。

图4-6-1 平嵌（卢芝高嵌瓷工作室）

图4-6-2 浮嵌（青龙古庙）

图4-6-3 立嵌戏曲人物（卢芝高工作室）

图4-6-4 立嵌神话人物（青龙古庙）

嵌瓷作为一种地方特色浓郁的建筑装饰技艺，每件嵌瓷作品都是当地不同民俗风情的写照，许多嵌瓷作品都是来自民间深受喜爱并广为流传的传统题材，通常为表现喜庆吉祥类的题材，如有潮剧戏曲、海洋水族、英雄典故、祥瑞福兽、植物花卉和博古脊等题材（图4-6-5～图4-6-10）。

图4-6-5 潮剧嵌瓷（卢芝高嵌瓷博物馆）

图4-6-6　水草与金鱼

图4-6-7　厝角英雄人物（卢芝高嵌瓷博物馆）

图4-6-8　麒麟嵌瓷（潮州开元寺）

图4-6-9　花卉（揭阳黄公祠）

图4-6-10　博古嵌瓷屋脊（青龙古庙）

嵌瓷的建筑载体一般是屋脊、山墙、垂脊、戗脊、垂带、屋檐、门额、照壁等（图4-6-11、图4-6-12）。

图4-6-11　鸟尾脊（青龙古庙）

图4-6-12　卷草纹屋脊嵌瓷

二、嵌瓷技艺

嵌瓷技艺历史悠久，以瓷片为主要材料，瓷片原料主要是陶瓷作坊的废弃瓷及四处散落的碎瓷片，可以从一些年代相对久远的嵌瓷作品中发现，其中的无规则粘嵌状态及废弃的青花碗碟材料居多。

1. 嵌瓷工具

嵌瓷所需工具分为三种：打胚工具、裁剪工具、彩绘工具（图4-6-13～图4-6-15）。不同类型的嵌瓷，所用工具也不相同，平嵌最为简单，一般只需铁尺、灰勺、绕钳这三个基本工具就可以进行创作，而最为复杂的立体嵌则需要用到很多辅助工具。

图4-6-13　铁钳、铁铲

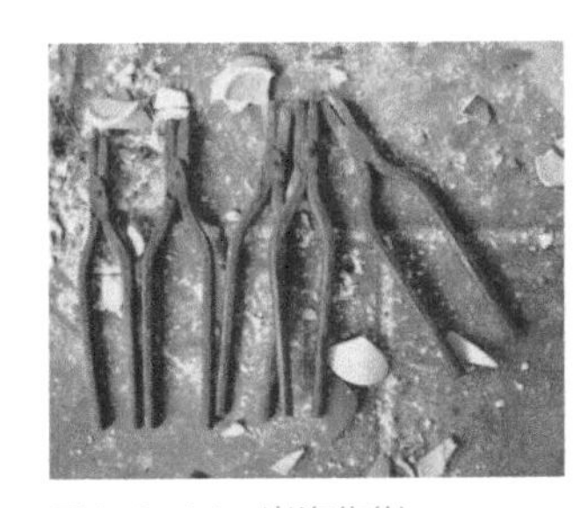
图4-6-14　嵌瓷绕钳

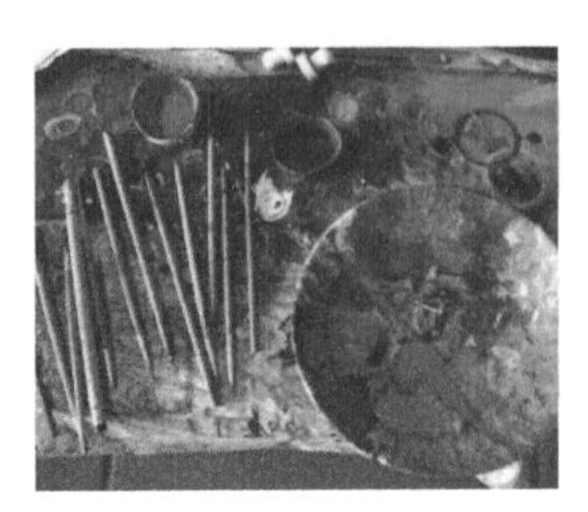
图4-6-15　彩绘笔、颜料

2. 嵌瓷材料

（1）瓷片原料

在清代初期，瓷片原料主要是陶瓷作坊的废弃瓷及四处散落的碎瓷片，到清末民初进入兴盛时期，开始有专门在瓷厂定制的有色彩及形状要求的瓷片原料，瓷原料的色彩（釉彩）、样式也丰富了起来。如图4-6-16、图4-6-17所示，多为碗碟状、瓶筒状。

图4-6-16　嵌瓷原材料碗碟、茶杯

图4-6-17　嵌瓷原材料碗碟、花瓶、杯子（由卢芝高嵌瓷工作室供图）

（2）灰泥

灰泥（图4-6-18）是制作嵌瓷的重要粘结材料，主要由糖水灰、石灰、贝壳灰（图4-6-19）及草根、草纸等调制而成，调制成的灰泥有草根灰浆、大白灰浆等几种。潮汕地区气候湿润，灰泥也经常被掺入建筑材料，黏附性强可增强建筑墙体的强度，用以抵挡洪涝潮水和防范自然侵蚀。

（3）颜料

颜料主要选用矿物质颜料，要求耐酸耐碱。为预防风雨侵蚀褪色，颜料均以胶调制而成，一般通过母色颜料（红色系、绿色系、黄色系）调配成多种复色，另外灰浆也可以直接当颜料使用，如脸部的颜料或者眉眼等。

图4-6-18　灰泥（由卢芝高嵌瓷工作室供图）

图4-6-19　贝壳灰（由卢芝高嵌瓷工作室供图）

2. 嵌瓷技艺流程

（1）图稿设计

图稿设计是嵌瓷艺人对题材内容的样稿设计。设计图尺寸是根据建筑物的整体规格、制式和位置来确定，然后根据业主要求、建筑物功能、地理环境、五行匹配等相关条件来确定设计图的内容。嵌瓷设计图稿多是老辈匠人传下来的，也有匠人自己专门设计，手艺精湛的匠人有时会省略设计图稿这一步，直接在墙上画出简单的图形或直接塑形。

（2）塑坯胎

塑坯胎，俗称“缚瓦骨”（图4-6-20）。其做法是用铜丝或铁丝扎制所需造型的骨架，再用砖条、瓦片剪切成所要镶嵌对象的形状，并用铜丝和铁丝将其固定，扎制时要考虑相应骨架的结构和承受力，以确保坯胎的牢固性。扎好骨架后用草筋灰、混合砂浆在骨架上塑形（俗称“起底”）。首先，需要先用粗铜丝或铁丝制作内心，弯曲成大体的姿态和动势（图4-6-21）；其次，在主骨架的

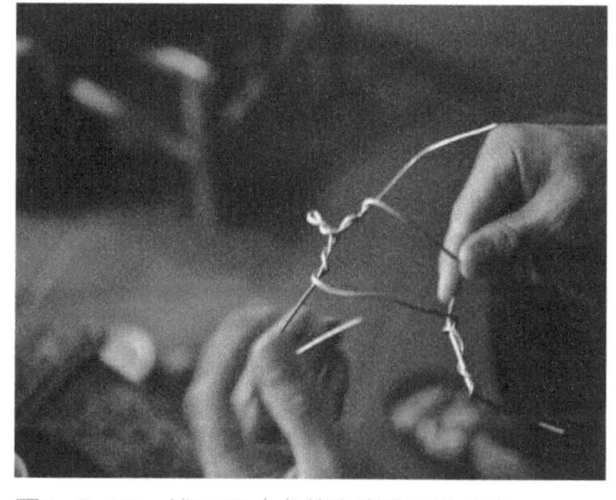
图4-6-20　缚瓦骨（卢芝高嵌瓷工作室）

图4-6-21　塑形（卢芝高嵌瓷工作室）

基础上再用细铜丝或铁丝缠绕，这样一方面使主骨架稳固，另一方面又增加灰泥与骨架之间的粘合力；最后，在骨架表面敷上糖水灰泥，局部嵌入瓦片加固，完成底胚造型。一般立体嵌瓷作品多为预先定制，因而底胚的制作需要拿到建筑物屋顶进行装配，所以立体嵌底胚均需要预埋好金属条方便组装固定 。

（3）瓷片颜色搭配

瓷片是最为关键的材料，瓷片的好坏一定程度上决定了嵌瓷作品的好坏，所以瓷片的选择尤为重要。嵌瓷色彩搭配绚丽灿烂，常用的颜色主要是绿、红、黄、蓝、白、黑等，再往细致划分的话就是浅黄、深蓝、白色、浅蓝、茄灰、黑色、大红、橘红、桃红、大绿、二绿、浅绿、深黄等，颜色层次过度十分丰富。

（4）敲剪瓷片

敲剪瓷片，俗称“剪饶”。匠人会先用铁尺先将瓷碗或瓷盘击碎成瓷片，再用不同饶钳对瓷片进行局部剪裁（图4-6-22），如果所需某种形状瓷片数量较多时，匠人通常会预先定制或者委托瓷厂加工好，并按颜色和形体分门别类。

图4-6-22　剪瓷片（卢芝高嵌瓷工作室）

（5）镶嵌瓷片

镶嵌瓷片是嵌瓷最为关键的一道工序，俗称“贴饶”。嵌瓷匠人必须具备一定的色彩基础和造型能力，作品的精致程度、档次高低都取决于这道工序。嵌瓷坯体所用的材料、塑造技法与灰塑相同或相近。在粗坯的基础上，匠人会根据个人习惯，用手或者绕钳按造型需要进行镶嵌（图4-6-23）。镶嵌时，一般遵循“由下而上、由尾而首、由低而高”的规则来提高效率，具体也要考虑题材和规则，如平嵌花朵的话要“由外而里”，这样有利于把握好花的整体造型；浮嵌花朵则需要“由里而外”等。

图4-6-23　镶嵌瓷片（卢芝高嵌瓷工作室）

（6）局部上色

嵌瓷局部需要进行上色处理（图4-6-24）。明清时期的颜料多采用矿物原料，矿物颜料有颜色持久耐用的优势，但矿物颜料的处理需要花费较长的时间，价格也更为昂贵。从经济实用的角度，现代大部分匠人改用丙烯等材料作为颜料，或直接彩绘，或与灰泥一起搅拌。

图4-6-24　局部上色（卢艺高嵌瓷工作室）

三、岭南嵌瓷工程案例

西园，位于汕头市潮阳区文光街道西环城路东侧，坐东朝西，占地面积约1330平方米，分泥木结构二层洋楼、房山山房和假山三部分，还有天井和六角亭，现为省级文物保护单位。它不仅见证了晚清到20世纪30年代的汕头近代史，其创作思路和建筑艺术风格也为中国传统园林的发展提供了宝贵的经验，至今仍值得借鉴和吸收。

潮汕民居嵌瓷主要展现在山墙上部、屋顶、屋角等处，装饰精美，形式丰富，多与彩画结合（图4-6-25～图4-6-27）。

图4-6-25　屋顶上的嵌瓷

图4-6-26 潮汕厝顶嵌瓷

图4-6-27 屋角上的嵌瓷

为了满足人们室内装饰陈设需要和崇高审美需求，匠人们研究出了嵌瓷画、嵌瓷挂屏、立体件、圆盘装饰等嵌瓷形式，集中呈现出潮汕民间工艺精致细腻、艺不厌精的独特魅力（图4-6-28、图4-6-29）。

图4-6-28 嵌瓷摆件

图4-6-29 嵌瓷工艺品

第七节 彩画技艺

彩画是绘于建筑墙壁、屋檐下、大门等部位的建筑装饰技艺，用桐油加矿物质颜料可以保证10年左右不褪色。彩画绘制通过打底、起稿、调色入胶、勾线、填色、描绘、贴金及罩光等工序完成作品。

一、彩画简介

彩画在中国有悠久的历史，是古代传统建筑装饰中最具特色的装饰技术之一。它以独特的技术风格、富丽堂皇的艺术效果给世人留下了深刻的印象，“雕梁画栋”这句成语足以证明中国古代传统建筑装饰彩画的辉煌。彩画原是用来为木结构防潮、防腐、防蛀的，后来才突出其装饰性，宋代以后彩画已成为宫殿不可缺少的装饰艺术。古代建筑上的彩画主要绘于雀替、斗拱、墙壁、天花、梁和枋窗框、柱头、门扇瓜筒、角梁、栏杆和椽子等建筑的木结构上。古代官式彩画可分为三个等级：和玺彩画、旋子彩画和苏式彩画。

相对古代官式建筑彩画题材贫阙，岭南彩画则百花齐放，题材和样式活泼丰富、不拘一格，广府、潮汕、客家地区等地民居、祠堂上饰有不少极富民间特色的彩画。广府地区的彩画常与灰塑、木雕等装饰元素相结合，建筑装饰表现丰富；潮汕地区民间有“潮州厝，皇宫起”的俗语，形容本地传统建筑的独特性，尤其是在传统建筑外观装饰方面。

彩画应用于岭南传统园林有着悠久的历史，主要有桐油彩画、漆画和壁画（图4-7-1～图4-7-4）。

图4-7-1　桐油彩画（惠州园林）

图4-7-2　梁园彩画

图4-7-3　宝墨园连廊彩画

图4-7-4　清晖园金漆画

岭南传统园林中彩画的题材主要有人物、花鸟、山水、书法和龙、狮等（图4-7-5～图4-7-11）。

图4-7-5　雀鸟配诗图（佛山清晖园）

图4-7-6　福寿三多水果

图4-7-7　山水彩画

图4-7-8　祥云

图4-7-9　卷草（惠州园林）

图4-7-10　人物彩画（佛山清晖园）

彩画的建筑载体为脊檩、子孙梁、前福楣、后福楣、五果楣、方木载和门等（图4-7-12～图4-7-18）。

图4-7-11　花鸟彩画（开平碉楼）

图4-7-12　脊檩（揭阳黄氏公祠）

图4-7-13　彩画（惠州丰渚园）

图4-7-14　子孙梁（潮州龙湖古寨）

图4-7-15　梁枋（揭阳城隍庙）

图4-7-16　前福楣（潮州龙湖古寨）

图4-7-17　后福楣（潮州龙湖古寨）

图4-7-18　方木载（潮州龙湖古寨）

岭南彩画作为民间彩画，选材精良，处理精细；立足功能，适度装饰；题材新颖，突出岭南文化。因地域不同，匠人所采取方法也不尽相同，岭南地区的桐油彩画以潮汕地区最为出彩，尤其祠堂、庙宇中的桐油彩画，多集中在梁枋部位，使得木雕的表现更加生动，也寄托了对于后人的美好愿望，使人心存敬畏。

二、彩画技艺

岭南园林彩画一般采用桐油彩画。

1. 彩画工具

彩画的制作工具主要有靠尺、毛刷、毛笔、刮刀等（图4-7-19～图4-7-26）。

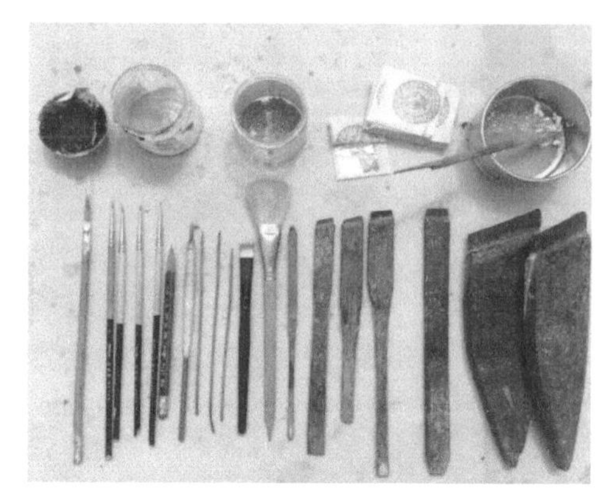

图4-7-19　毛笔、金箔、刮刀、猪血料

图4-7-20　墨水、笔

图4-7-21　水粉、水彩笔

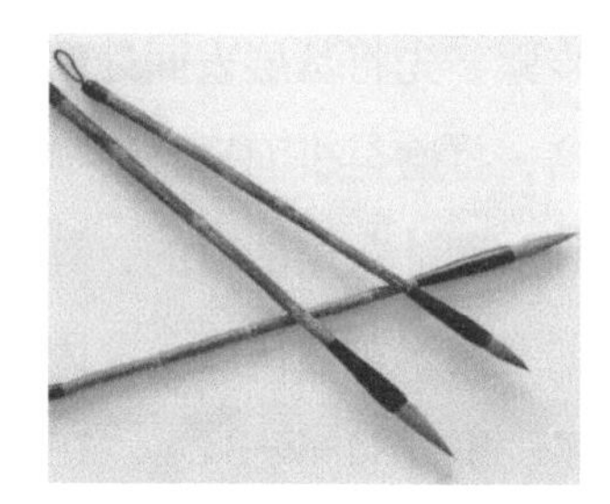

图4-7-22　狼毫毛笔

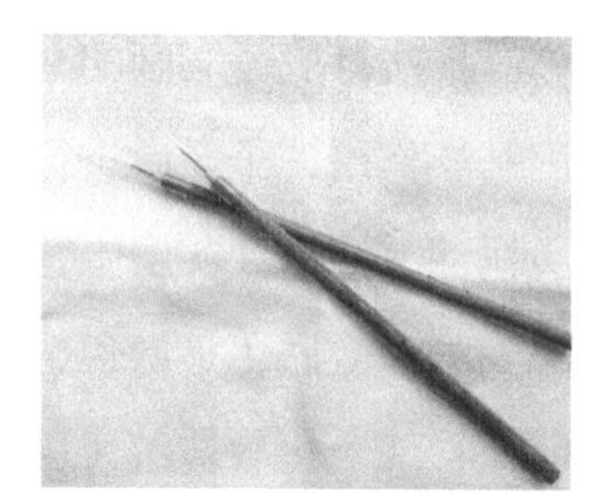

图4-7-23　勾线笔

图4-7-24　大灰刷

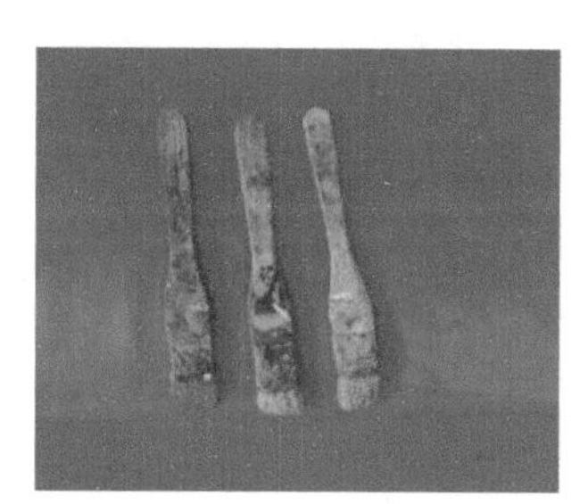

图4-7-25　小灰刷

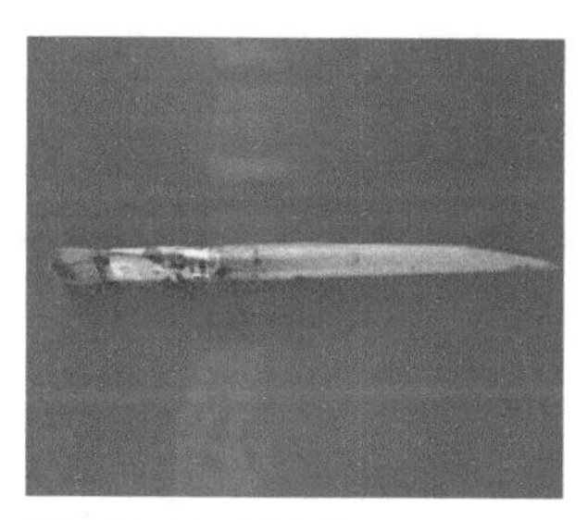

图4-7-26　铺色笔

2. 彩画材料

桐油彩画的材料主要有生桐油、猪血料、熟桐油、动物骨胶、稀释剂（松节油或煤油等）、夏布、矿物质颜料、墨、金箔（图4-7-27～图4-7-32）。

图4-7-27　猪血料（潮州龙湖古寨）

图4-7-28　熟桐油（潮州龙湖古寨）

图4-7-29　动物骨胶

图4-7-30　夏布

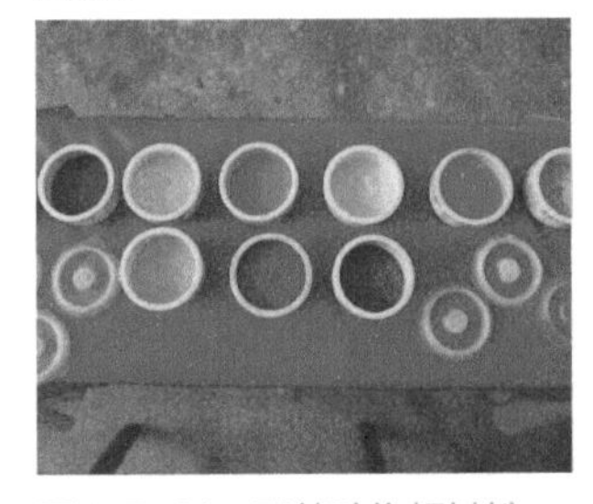

图4-7-31　天然矿物颜料粉

图4-7-32　调配好的颜色

3. 彩画技艺流程

（1）打底

批灰打底是彩画的基础步骤，先将基层表面处理干净，刷生桐油定深度起加固基层作用，干燥后进行打磨，打磨至表面平整不显接头，扫净浮灰，接着再刷生桐油，渗进油灰层中，达到加固油灰层的目的，等干透细磨，便可作画。现代见到的多数底色是白色，古时常用米黄色做底色，因为米黄色的底色比较暖色、明快，颜色比较传统（图4-7-33～图4-7-34）。在木构件表面进行油漆彩绘，

图4-7-33　批灰

图4-7-34　打白底

需要将表面找平做一层底子，这层底子称“地仗”（地仗是中国传统建筑营造技艺（官式）之一，即在木结构上覆盖一种衬底，以防腐防潮，为木构件穿上一层防护衣。通常为美观在其上做油饰彩绘式彩画。）

（2）起稿

基层处理完成后可绘图放样，即测量尺寸绘制图样。彩画图案一般上下左右对称，可将纸上下对折，先用炭条在纸上绘出所需纹样，再用墨笔勾勒，经过扎谱后展开即成完整图案。大样绘完后用大针扎谱，针孔间距三毫米左右，为了便于扎孔，可在纸下垫毡或泡沫塑料等。如果做比较大的工程，应将颜色代号写在谱子上一并轧孔。如遇枋心、藻头合子等需要画龙纹或不对称的纹样，则应将纸展开画。现在也用硫酸纸画好图样，直接用铅笔勾线印到白色底上（图4-7-35、图4-7-36）。

图4-7-35　起稿

图4-7-36　勾线

（3）调色入胶、勾线

彩画不褪色的最大原因是熟桐油的油膜对它起保护的作用，但是色粉本身是不溶于桐油的，所以在调色时通常会加入胶，使颜色和底层粘牢，不怕风干后开裂。不同部位的彩画具体入胶量不同，也与选用的颜料有关。颜色入胶后，可以在拓印的基础上把图案的边勾出来，在作画时细的线条要加胶，加胶后比较容易画，但贴金的部分是用熟桐油，不能用胶。

（4）填色、描绘

在彩画轮廓勾勒完毕后，就可以填色块。在大体积的木构件上绘彩画，通常是用分工填色的方法，几个工人可以同时工作，提高填色的效率，彩画填色一般先填比较大面积和较浅的颜色。在彩画细节的地方，需要工匠换成小笔细致勾勒和渲染，来突出彩画的艺术效果（图4-7-37、图4-7-38）。

图4-7-37　填色

图4-7-38　细节上色

（5）贴金

在需要贴金的地方刷上调好黄色或红色的熟桐油，在将干未干的时候贴金。用于贴金的金油是熟桐油加色粉，通常要使用和金箔相近的色粉，即使金箔贴得稍有瑕疵，视觉效果上也不至于太显眼。

（6）上保护漆与养护

在彩画完成后，根据情况可以在表面上一层清漆作为保护，为使颜料被草筋灰完全吸收，最后仍要使灰塑在合适的湿度下，包裹养护几天到一个月的时间，让其颜料被纸筋灰完全吸收，才可开封。

三、岭南彩画工程案例

余荫山房的彩画运用也极其丰富，亭子与连廊部分彩画运用了江南包袱彩画的形式，内容丰富，色彩艳丽，彩画的内容也具有积极的教育意义（图4-7-

图4-7-39　庄状元治水

图4-7-40　凿壁借光

39、图4-7-40）。彩画中最精彩的部分要数文昌飞阁（图4-7-41），文昌飞阁共四层，每层内外均绘制彩画（图4-7-42），形式仍为江南风格，内容绘制似岭南画派，以人物、风景、花鸟等题材为主（图4-7-43），顶部四周天花绘制了莲花，以四方连续形式出现（图4-7-43）。阁楼内部顶层彩绘以青绿色调为主，清新雅致（图4-7-45）

图4-7-41　文昌飞阁

图4-7-42　文昌飞阁入口彩画

图4-7-43　风景、花鸟题材彩画

图4-7-44　文昌飞阁顶部彩画

图4-7-45　文昌飞阁内顶彩画

第五章

叠山理水技艺

假山叠石是传统园林营造技艺最宝贵的部分，不过仅有叠山还无法营造完整的园林。叠山要与理水结合，水使景物生动起来，所谓“山得水而活”。有山有水，还要有树木花草，所谓“山得草木而华”。山、水、植物构成园林的自然环境，在此基础上还要有可居、可留的亭台楼阁，作为供人活动的人工环境。

第一节 叠山技艺

叠山又称堆山、掇山、筑山，是指人工堆造假山的方法，和单纯的置石相比较，堆叠假山规模大、用材多、结构复杂，需要更高超的技艺。叠山讲求“虽由人作，宛自天开”，以“小中见大”的手法，用写意的方式来模拟自然中的山体，使其具有真山的神韵。叠山是一种艺术创作，同时也是一种艰辛的劳动，既要“搜尽奇峰打草稿”，胸中自有丘壑，又要掌握娴熟的叠石技术，这样堆叠出的假山才能既有真山的气韵，又有假山的意趣。

岭南园林叠山的历史相比中原要晚，最早关于园林叠山的记载当为晋代道家葛洪在罗浮山开凿“以石景为屏”的药池。唐代、五代和宋代，岭南的奇石已见诸文献资料。南汉时期，已具有相当成熟的叠山技艺，造园艺术以奇石、花木尤为特色，后来虽然融合了北方园林和江南园林叠山技艺，但岭南园林叠山仍然根据自身自然环境、山石材料因素、砌筑技术、建筑空间环境的关系，形成独特的地方风格特征。五代南汉乾亨三年（公元919年），南汉皇帝刘龑在城南凿湖为仙湖，湖中有洲称为药洲，现今广州市教育路还有药洲九曜石景遗存，仙湖主景为湖、洲，配景为花、石，沿湖有亭、楼、馆、榭，风景甚美。明清时期，岭南叠山置石之风气尤为盛行，几乎是“无园不石”，形成“名园以叠石胜”的共识影响至今。

一、岭南园林叠山

在园林中一般都有经过人工堆掇的不同体量、不同尺度和不同风格的“假山”。这种所谓的“假”，是因为每一座假山都是对自然界中真山的传移摹写，是真山典型化的艺术提炼、概括和再现。明代造园家计成在《园冶》有云：“园中掇山，非士大夫好事者不为也”，暗示掇山置石为士人园林必不可少的园冶妙法，其精髓则为“深意画图、余情丘壑”“有真为假、做假成真”。

如清晖园九狮山是用英石堆叠而成，形似九只神态各异的狮子，与山上花木扶疏交相辉映，另有跌水飞瀑循环迂回，情趣盎然（图5-1-1；余荫山房“玲珑水榭”东南沿园墙布置的假山状似山岩峭壁，内里则别有洞天（图5-1-2）。

图5-1-1　清晖园九狮山

图5-1-2　余荫山房挂榜青山

岭南传统园林叠山主要以观赏性为主，与实用结合也较为密切。以山水为意境，满足“可行、可望、可居、可游”的传统山水观念，山中景观多样，多面空间丰富，给人以真山林质感，还原传统以石山见山川的自然精神寄托。同时还具有组织空间的作用，用山来分隔空间，增加景象层次，景深含蓄，有不尽之意的

图5-1-3　梁园湖心石

图5-1-4　可园狮子上楼台

感觉。而盘道、峰、谷可供登攀游嬉，翻山越岭，寻谷探幽，使游兴倍增。山使游览路线立体化，既延长了游览路程和游览时间，又丰富了游览景观。由于岭南传统园林规模普遍较小，因而很少布置土山，多以石为山，故假山石景成为岭南庭园的主要景观（图5-1-3、图5-1-4）。

二、叠山类型与形态

按照叠山方式分类，园山有土山、土石山、石山、石组、孤石等。

按照材料分则有英石、假太湖石、山石、珊瑚石、蜡石等。

按照景观形态分则有峰峦、岩崖、峭壁、洞隧、谷涧、濠濮、矶滩、叠瀑等，这些形态手法均以葱郁山林的野趣和丰富的自然山景变幻为艺术创造源泉。

按照布局分为池山、庭山、壁山和楼山。所谓池山，就是在池中或池畔叠山（图5-1-5）；庭山即是在庭院一隅或前庭处所立之山（图5-1-6）；壁山是依附围墙或嵌于围墙表面的假山（图5-1-7）；而楼山即是紧贴建筑侧面、下面的假山，其局部如蹬道也可作为亭台楼阁外的阶梯供人上下，又称云梯（图5-1-8）。

图5-1-5　清晖园池山

图5-1-6　可园庭山

图5-1-7　清晖园壁山

图5-1-8　清晖园楼山

1. 土山

土山是绝大部分用土堆起的假山。明代计成在《园冶》村庄地一节中说："十亩之基，须开池者三，余七分之地，为垒土者四，高卑无论，栽竹相宜"，在掇山篇中又说："构土成冈，不在石形，结岭挑之土堆，高低观之多致，欲知堆土之奥妙，还似理石之精微"。因为土的质地疏松，难以成型，成型后不易保持，所以决定了面积广大的园林或郊野园林宜筑土山，以土山塑造起伏变化的地形地貌，结合植被营造自然的景观风貌（图5-1-9）。土山一般不做地基处理，体量较小的土山常采用分层版筑的方法，较大的土山则通常利用自然沉降压实。在小型园林中，土山的坡脚常采用青石或湖石固脚，以防水土流失，并保持丘坡的形貌。岭南园林受地域文化、自然环境和庭院空间影响，很少采用土山堆垒假山。

2. 土石山

土石山是土石混杂建造的假山。土石山可以是以土为主，以石为辅；或反之以石为主，以土为辅。前者主要是用石点缀在山体某一部位，用以增添山势的气魄和野趣，在山脚、磴道及两侧垒石，用以固土和塑形。后者以石为骨架，内设洞窟或石室，其上覆土层，或薄或厚，植花种树，贴近自然，如梁园的假山等（图5-1-10）。土石山的优势是既可以利用石材塑造挺拔的山势，同时也可以利用土易于种植花木的优点，既可塑造山林气象，又能营造四季的变化。

图5-1-9　梁园自然土山

图5-1-10　梁园土石山

3. 石山

石山是利用天然石材叠筑而成的假山，主要分为英石假山和蜡石假山等，形态多吸取天然山景的山巧、峭壁、洞壑等姿态，形象逼真，富有魅力（图5-1-11）。石假山较之于土假山更便于造型和更加坚固，体积也可大可小。岭南园林用石广泛，山石易于和园林中的亭、台、楼、阁、廊、桥、路水等组合成景，特别是驳岸、山谷、瀑布、溪水、山洞等景观的构建非山石莫属。

4. 石组

石组是使用石头进行搭配、组合，形成小型的石景，其布置手法又称置石（图5-1-12）。例如在墙角布置数块黄石，打破院落拘谨呆板的格局；也可以用材筑起一区花台，丰富园中的地景变化。严格意义上说石组不是假山，因为石组并不叠掇成山体，而主要是组合搭配为一种形态，或者只是一种形式美，或者有某种象征性和寓意。置石指在廊下、门前、花中点植山石、石笋，用于装缀园林空间，也可成组布置，而近于石组。散置山石一般不必做特殊基础处理，只需开浅槽后素土夯实或做灰土基即可。

图5-1-11　清晖园庭园石山

图5-1-12　梁园驳岸石组

5. 孤石

孤石，要具备玲珑剔透或古朴浑厚的形态，其形状、色泽、纹理、褶皱要有较高的观赏价值，着重山体个体形态美，即瘦、透、漏、皱等审美标准（图5-1-13）。除人工堆掇的山体外，还有一种象征性的假山，或称假山的变体，即近于雕刻造型的独立石峰，以其特殊的石纹、石理以及天然形态给人以美的享受。布置孤石属置石范畴，其中又有特置和散置之别。前者指选用单块、体量大、姿态佳的山石，设置在庭院中、池中、路的尽端或转折处，独立成景。因峰石高大，其基础类似叠山需做特殊处理，对竖向高耸的峰石而言，一般需要在其下面设置石座，石座上凿留卯口，将峰石榫头插入卯口，再灌入胶结材料。孤石一般放于院落一隅，草坪之中，林缘之前。

图5-1-13　梁园特置孤石

图5-1-14　清晖园小型叠山

叠山规模大小不一，从规模上可分为3种类型。小型叠山，指长度在1.5米～3米，高度在2米左右的叠山（图5-1-14）；中型叠山，长度在数米至数十米之间，平均高度在4米左右（图5-1-15）；大型叠山，长度在几十米之间，平均高度大于5米（图5-1-16）。

图5-1-15　清晖园中型叠山

图5-1-16　清晖园大型叠山

三、叠山技艺

叠山是一门特殊的技艺，是对自然真山的传移摹写，体现着匠师的技术水平和能力。叠山需要先叠整个骨架，再思考细部装饰，才能真正完成整体，山才具有灵性。同时需要造园家与叠山匠师双方合作，有时需要多名匠人的集体参与，因而叠山既是一项技艺，也是一项工程。叠山完整的技艺流程包括相地设计、塑模、选石、基础处理、分层堆叠、结顶、镶石、勾缝、养护和清场等多个步骤。

1. 相地与设计

相地，即察看园址，分析空间环境，以便根据地形地貌进行规划和设计，达到《园冶》所说的“相地合宜，构园得体”。叠山对建筑与园林环境的依赖性很大，与水体、花木也联系密切。相地时，应尽可能保留自然水源，根据场地进行水体设计，疏通水路，同时还要保留场地的古树名木，与庭院建筑位置和室内的视线等相适应。传统风水观念认为相地阶段十分重要，如有造园师认为，水体设计不宜制造不分级的大瀑布，从园林与建筑的风水关系角度来说，这样就像直射门户的镜子，影响人的身心健康。水的走向要有流觞曲水的意味，蜿蜒曲折。叠山过程，要使水流顺着山谷走势布设。在广东地区的一些私宅庭院中，叠山匠师一般要将流水的最后一级流向主人房的位置，源于民间“水为财”的观念。

假山的布局应主次分明，互相呼应。先定主峰的位置和体量，后定次峰和配峰。主峰高耸、浑厚，客山拱伏、奔趋，这是构图的基本规律。宋代郭熙《林泉高致》中说：“山有三远：自山下而仰山巅，谓之高远；自山前而窥山后，谓之深远；自近山而望远山，谓之平远。”在处理主次关系时，应结合高远、深远与平远的“三远”理论运用。远观山势，近看石质，在设计时既要强调整体外观，又要注重细部处理。

在相地阶段，匠师对选石的造型特征有了基本想法后，根据场地平面形状和山石观赏面特征来确定叠山类型与主景假山的位置，整体考虑全园的山水关系。以私宅庭院叠山为例，按照假山堆叠位置不同，一般有4种不同场地平面特征，场地类型不同会直接影响匠师的叠山选石、山型设计和技术手法。

（1）带状场地叠山

带状场地叠山（图5-1-17）一般组织成一系列多组的观景单元，将其中分

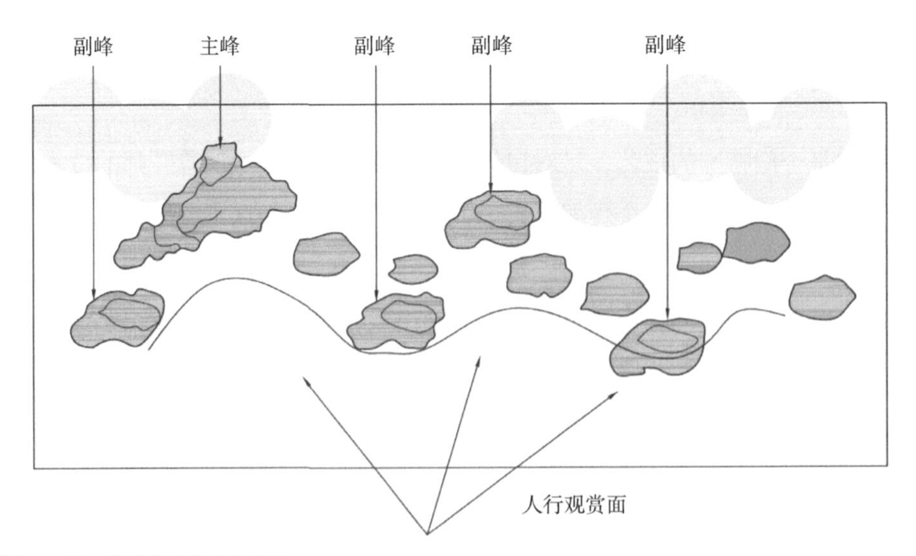

图5-1-17　带状场地叠山平面图

隔出来的最大的空间作为主景。在处理平面关系时，要保证假山正立面处有前后视距的变化，山脚至底面的过渡处理要顺势而下，序列末端拖脚拉长。

（2）靠墙面叠山

靠墙面叠山（图5-1-18），要将庭院中做假山的位置正对建筑物，主峰应处于主观赏点视线中心靠左的位置，为整体构图中的最高部分并向内凹进，旁边配套的小峰作为衬托。副峰位置在主峰所在场地的对侧，与主峰遥相呼应。副峰及小峰排布均较主峰更向前方，形成稍显内聚的格局。正观赏面选石应最能体现石头纹路的细节，也是最能展现假山丰富肌理变化的地方。主峰后面可搭配低矮后峰作为副峰，使人从正立面观赏整座假山时形成深远的层次变化。

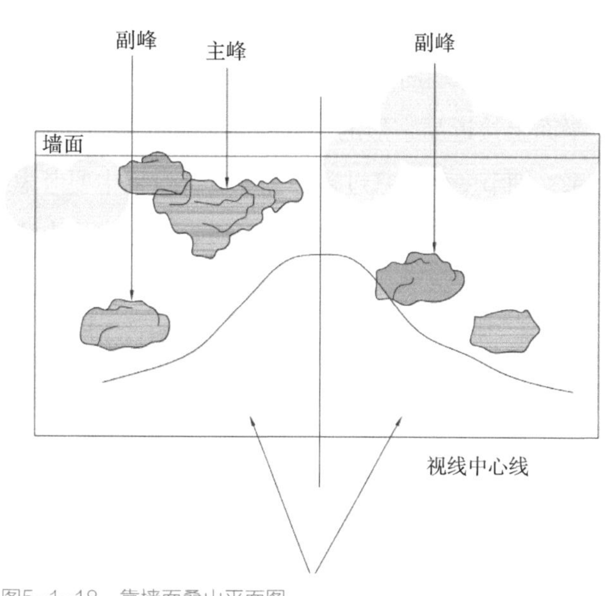

图5-1-18　靠墙面叠山平面图

（3）庭院角落叠山

庭院角落处的假山（图5-1-19），山势的展开排布一般要根据园路走向来确定，主要观赏面正对建筑物

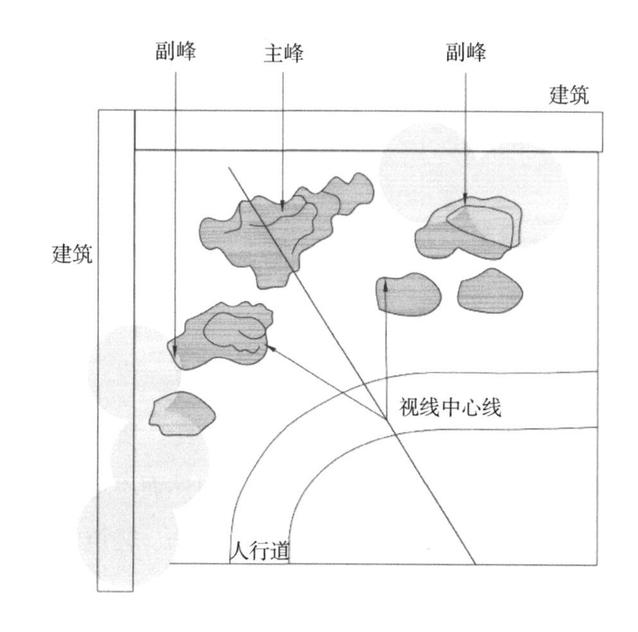

图5-1-19　庭院角落叠山平面图

的主出入口或人行方向，山形走势顺园路横向展开，主峰应位于主观赏点视线的中心焦点，副峰靠侧面设置，逐级拉开空间层次，侧边用小峰点缀，取得整体平衡。整体山势高低对比突出，山体两翼向前聚拢，在平面构图上略微形成内凹弧形，主峰在平面上形成一个内凹的视线焦点。

（4）四面可观叠山

四面可观的场地叠山（图5-1-20），一般在构图上要分步进行，每一步的做法均与靠墙面场地的叠山做法类似。第一步，要确定主观赏面，主峰、副峰在平面上接近品字形的布局。第二步，要处理山体背面，为突出观赏面的主次关系，细节变化不宜过多，但在设计过程中要考虑到后峰形态高低对正面观赏主峰的影响，以及前后峰的进深关系，确保主峰为最高。最后对山体两侧进行修补，整体平面关系要“圆”，即保持整体中心平衡，山体边缘不宜过分突出。

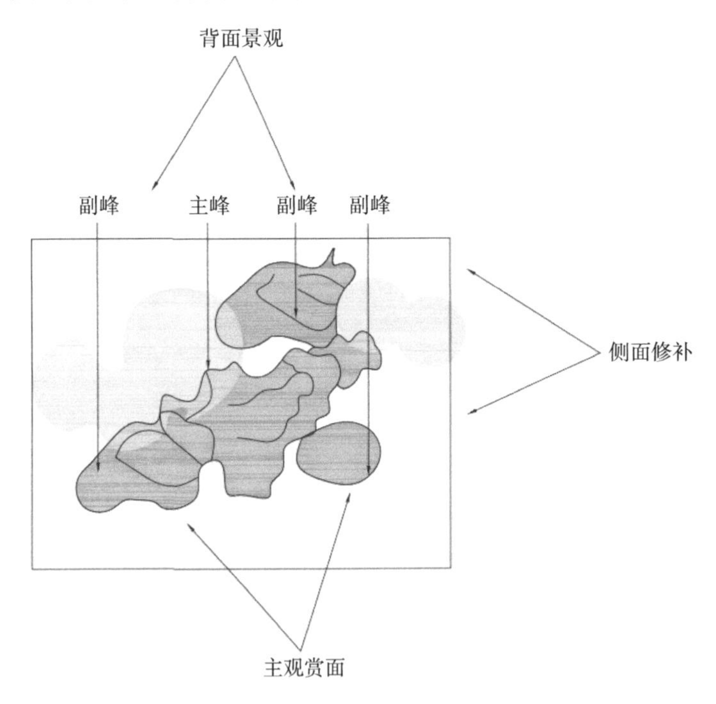

图5-1-20　四面可观叠山平面图

岭南园林叠山注重形似和神真。所谓形似，是指假山的体态、轮廓、气势、纹理等要相似于真实之山，自然而不造作，有山头、山肩、山腰、山脚，有山之阴阳背面，有虚实、疏密、凹凸、轻重之变化，自然而然。所谓神真，是指山石的整体气韵能给人以心会和神往，在心理和精神上领悟到祖国江山内在之美，丰富人的意象和有真谛感。岭南叠山正是在真实形象基础上活跃了欣赏者的想象力，体现出“求真而传神、求实而写意”的审美风格和艺术精神。岭南传统园林中的山石形态多吸取天然山景的山巧、峭壁、洞壑等姿态，形象逼真，富有魅力。

岭南园林属于“庭园”的性质，规模都很小，庭园的功能以适应生活起居要求为主，叠山与建筑空间的关系十分密切。为了争取庭园空间，叠山常采用各种手法，以求获得以小见大的效果。岭南园林叠山形式多样，有明确的功能目的性，或划分和组织空间，或起障景、对景、框景、夹景的作用，或作云梯（图5-1-21）、围墙（图5-1-22）、照壁（图5-1-23）、汀基（图5-1-24）、驳岸（图5-1-25）、护坡（图5-1-26）等功能。

图5-1-21　云梯

图5-1-22　围墙

图5-1-23　照壁

图5-1-24　汀基

图5-1-25　驳岸

图5-1-26　护坡

2. 塑模（制模）

相地之后，匠师对山型有了初步想法。匠师会根据工程大小手绘勾画草图，并与客户沟通假山效果，对于大型工程中的假山也会用真实石材按比例缩小做山体模型，也可通过虚拟仿真技术制作动画效果与业主进行沟通。

3. 选石

选择理想的石料不仅能提高功效，而且较容易提升山水的景观效果。在选择假山的石料时，不论一座假山所用石料多么繁杂，数量多么大，均应注意其石色、石纹、石形要基本一致，全山用石叠砌要浑然一体。特别是小型园林，以取得整体的效果，忌混杂使用不同的石头。选石时尽量选择肌理、纹理一致的石料。所谓纹理即石料表面外露后所呈现的竖纹、横纹、斜纹；肌理则如粗纹、细纹、整石、碎石，以及糙润的差异等。最好选用同一地区、同一石场的石料，采用肌理与纹理统一的石料叠掇，其山体易形成整体感，可营造出浑然一体、纵横连带的效果。再者是石色要统一协调，即石头颜色的色相、浓淡、深浅应相同或者相近，如纹理一样易于产生整体效果。在整体统一的前提下，适当利用石料本身色泽的变化，也可增添假山统一中不失变化的视觉效果。选石时尽可能就地取材，因材施用。

选石一般包括相石、采石和运石三个环节。根据构思好的山形与选石材料特点，匠师一般在石场现场选石，也会根据项目需要去石矿场现场选石、采石。

（1）相石

相石又称择石、看石，是按不同叠石风格、景观布置和造型要求对石头进行初步筛选的过程，是对已经选用的山石进行观察和琢磨。在叠掇之前对山石形貌、适宜的位置角色等做到心中有数，所谓“叠山之始，必先读石”。因此，经过选择开采后运输至施工现场的山石，需散置平放而不可堆放，以便叠山匠做足相石功课。

在假山叠砌之前一定要选好用石，进行编号，分类堆放。整个工程的各部位用石多少，用什么样的山石，要统筹兼顾，细心安排。根据假山整体的设计构思，选择压顶用石、峭壁用石、山洞用石、山脚用石，甚至特置景石，尤其是石质、石色、纹理、形状独特的山石。总而言之，相石时首先要对山石全面端详，看总体感觉如何，查看有无破损面、裂纹或其他影响整体效果的缺陷，并确定山石的主要观赏面。其二是根据山石的体量、形态，初步确定该山石的用途，是适宜做叠砌假山石还是做特置石，如果所选山石为正方形、梯形、三角形等几何形状，则应做基础用石，或山胎填充石，或山洞内用石。其三是观察所相山石表面，如纹理纵横繁而不乱，或涡洞隐现凹凸有致，则可用于山脚蹬道、山径，便于游人近观细览；如山石涡穴相连或玲珑剔透，可做特置石或置于池边湖畔，能取得事半功倍的效果。其四，相石除了查看山石的体态、形状外，还要注重山石的色彩、质地，考虑到假山各个部位颜色、质地的协调统一和过渡，这样既充分利用每块山石的长处，避免浪费，又提高了假山的整体质量和叠砌假山的工程进度。

岭南地处两广丘陵地带，山地占70%以上，山川泉石之美属全国首数之列。岭南的自然条件为园林营造提供了丰富的用石材料，代表石材主要有英石、假太湖石、山石、珊瑚石和蜡石几大类别。

①英石。英石产于广东省英德市，英石石块小，色青灰典雅，是岭南园林叠山的最理想石料。《广东新语》曰："英州为奇石之薮"。英石具备皱、瘦、漏、透等四大特点。大者常用以布置庭园假山，小而佳者或拼成盆中假山，或列几案之上。清晖园东部竹苑径旁的"斗洞"是采用英石叠山（图5-1-27）。"斗洞"紧靠庭园院墙或建筑外墙而设，行到此处给人无路可通的感觉，细查却见壁嶂间有一如斗小洞，可容一人侧身而过。穿过此洞，眼前豁然开朗。此"斗洞"的设计取道家"别有洞天"的寓意，这组英石的壁嶂将英石的"瘦、漏、皱、透"表露无遗，可谓意境深远。

②假太湖石。假太湖石是粤人对于庭园中的石灰岩石的统称。以其形貌类似太湖石，俗称"假太湖石"（图5-1-28）。假太湖石有青灰色和灰白色两

图5-1-27　清晖园英石叠山"斗洞"

图5-1-28　梁园假太湖石

种，出肇庆一带者较佳，南海宫山附近亦有出产。虽有单窝，但洞眼不多，古朴有余，玲珑不足，宜作壁山、观赏石及岩洞石料。

③山石。山石即花岗岩石，由石英、长石、云母等组成，产于粤中低山丘陵地区，如广州萝岗、番禺等地。因石之形状像蛋，故又俗称“石蛋”。少数也有棱角，体型大小不一。清晖园凤来峰为广东省最大、最高的花岗石山，用贡品的山东花岗石砌成，耗用了近三千吨石。石山上有小径，山上藤蔓交织，一棵古榕穿山破石而长，更有人工瀑布凌空飞泻，使得凤来峰静中有动，动中有静，虽为人造，宛如天开（图5-1-29）。

图5-1-29　清晖园山石“凤来峰”

④珊瑚石。珊瑚石产于滨海地区，由火山灰岩石或海中渣滓形成，为珊瑚类的骨骼，当地人称“咸水石”。颜色灰白，状若菊花、蜂巢或牛百叶，质较轻松，虽便于运送和造型，但须用部分坚石做骨架；如东莞可园的石景“狮子上楼台”，用珊瑚石叠砌而成，由于珊瑚石吸水，能植草，与石山相配，如狮毛松树，叠山造景独具岭南风味（图5-1-30）。

图5-1-30　可园珊瑚石“狮子上楼台”

⑤蜡石。蜡石产于我国南方高温多湿的坑洼沼泽之间，经常年流水冲击，不断摩擦后生成。蜡石有深黄、浅黄、白黄各色。质性坚硬润滑，不能加工造型，以无破损、无灰砂、表面净滑者为上品（图5-1-31、图5-1-32）。

图5-1-31 黄蜡石跌水驳岸

图5-1-32 黄蜡石置石

（2）采石

采石时，明确了场地与山形，需根据设计现场采石。以英石采石为例，英石的阴石与阳石采石方式不同，阳石在地表直接开路采集，阴石埋在地表之下则需要较长时间和人工清理挖掘。一块大型英石重量可达3t～40t，以前人工采石耗费时间极长；现在有大型设备的辅助极大提高效率，使用钩机先把石头周围的泥土松动挖开，再人工介入挖土，用铲车辅助清理；再根据叠山所需体积与质量布置线锯，现场切割。如果切割石头时遇到不便于线锯操作的地方，则需要垂直于石头表面钻孔（孔间间隔约30cm），灌入膨胀剂，经过膨胀爆裂，大块石头就会和山体分离（图5-1-33）。

（3）运石

选好石头后，主要用大型机械运输工具将石头运到石场或者施工场地。以英石中的阴石运输为例，首先按照运输的石头重量来确定使用的吊车大小；然后把开采好的石头用钢丝捆绑起来（包括底部），每个面均确保得到固定，捆绑时需要先处理顶部，再使用吊车稍稍吊起，用钢丝穿过底部，因此底大头小的石头捆绑吊装难度较大，头大底小相对容易操作（图5-1-34）。阳石的运输则相对简单，由于整体露出底面，开采的过程

图5-1-33 采石

也是开山路的过程，一边开挖山路一边采石，选中合适的石头在路面吊装上车（图5-1-35）。运输过程需要用布料、泥土等表面具有弹性的软物包边保护，以免刮损。大型设备的介入使运输石头仅需要3～4人操作，工作效率大大提升。

图5-1-34　捆绑石头

图5-1-35　吊装石头上车

4．基础处理

计成在《园冶》中说："假山之基，约大半在水中立起。先量顶之高大，才定基之浅深。掇石须知占天，围土必然占地，最忌居中，更宜散漫。"说的是为保证山体坚固安全，叠山的首要任务在于筑基。不同假山体量所摆放位置与地质条件都会对基础有不同的要求。根据前期规划设计，要估算整体山石的单方重量（约2000kg/m^3）以及各支点的地质情况，再决定基石基础的结构类型。最底层基石至少需要向下深挖40cm的下沉坑，若地基为土质或沙质，则可以继续深挖。基石与下沉坑底部要用水泥黏接，既防止由于场地基础变形导致山石局部下沉发生结构变化而造成危险，又防止假山歪斜扭曲，确保假山基面的整体性。

从立地条件和环境讲，假山又可分为水假山和旱假山两种类型。所谓水假山，狭义上讲坐落在湖边池畔，一面或数面临水，或瀑布从山上飞降而下，其下往往设潭或池，这种类型的假山不论体量大小均称水假山。做水池假山时，则还要考虑水体压力和山石重量对基底的压迫，在基底面上还要考虑池底做法。按照水池确定打桩高度，主要有梅花桩、丁字桩和马牙桩等几种类型。之后还需要进行钢筋拉底处理，钢筋固定水池池底、池壁及主峰中心部分，钢筋直径至少14mm，排列密度不大于200mm，水深较大时考虑使用双层钢筋拉底（图5-1-36）。若假山坐落在周围无水的环境中，则称之为旱假山。旱假山和树木花草相映成景，多布置在建筑一侧、道路交叉口或沿路设置。一般水假山的基础、结构设计和施工要求均比旱假山更为严格。

根据山体地基土壤条件、山体的体量、山体的性质等，采用不同的加固措施，主要有桩基础、毛石基础、灰土基础等。

（1）桩基础

《园冶》曰：“掇山之始，桩木为先”。对于土质松软或在水体中进行叠山的基础，通常要采用桩基础，过去一般采用木桩，木桩易腐朽，现在施工中多使用混凝土桩（图5-1-37）。

（2）毛石基础

岭南地区湿润多雨，多采用毛石基础加固，基础厚度随山体高矮增减，一般2～4米高的假山毛石基础可深40～50厘米，宽度为假山底角的1.5～2倍，砌筑时做放脚处理，胶结材料常用灰土，现在通常采用水泥砂浆。对于土质较差或者地下水位较浅

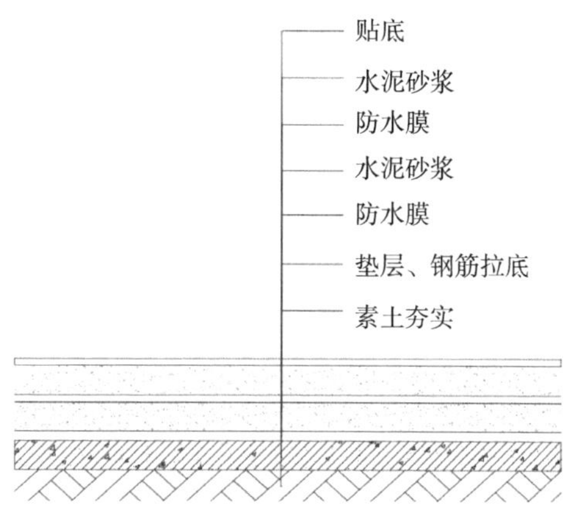

图5-1-36　假山池剖面图

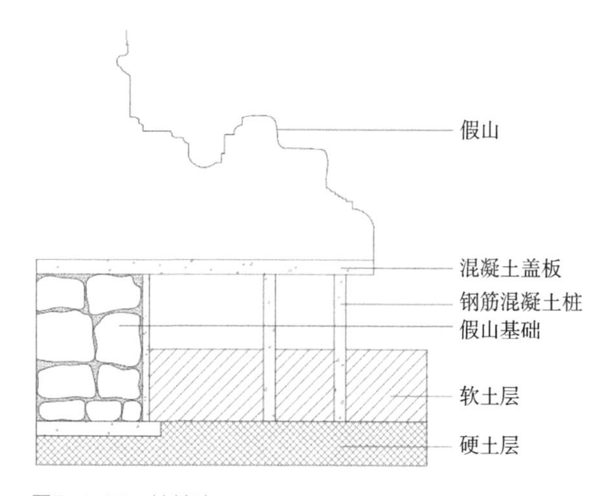

图5-1-37　桩基础

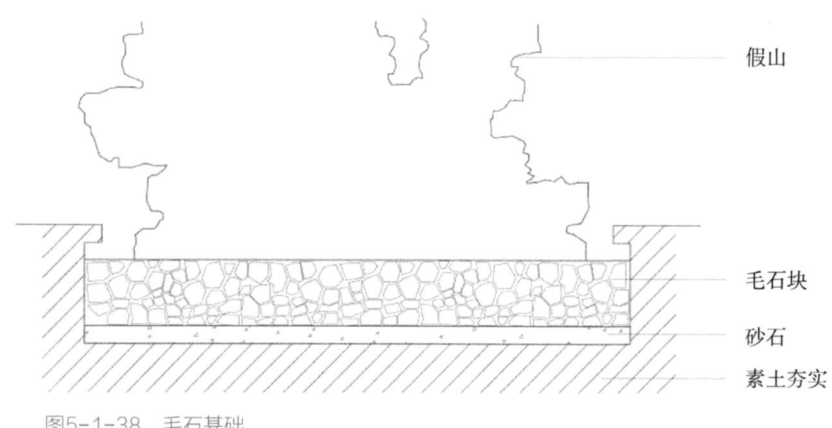

图5-1-38　毛石基础

的土壤层，现在多在毛石基础之下加筑混凝土垫层，做法如下：夯实地基，铺设20厘米厚钉石，并夯入地基约5厘米，石面上浇筑30厘米厚的混凝土，遇到过于高大的假山也有采用钢筋混凝土垫层做法的（图5-1-38）。

（3）灰土基础

灰土易于凝固并不透水，灰土槽一般深0.5米，宽度比假山底部宽出0.5米，2米以下的假山采用一层素土一层灰土的做法，2米以上的假山采用一层素土两层灰土的做法，素土需要黏性土壤，过筛，灰土比例以3∶7为宜（图5-1-39）。

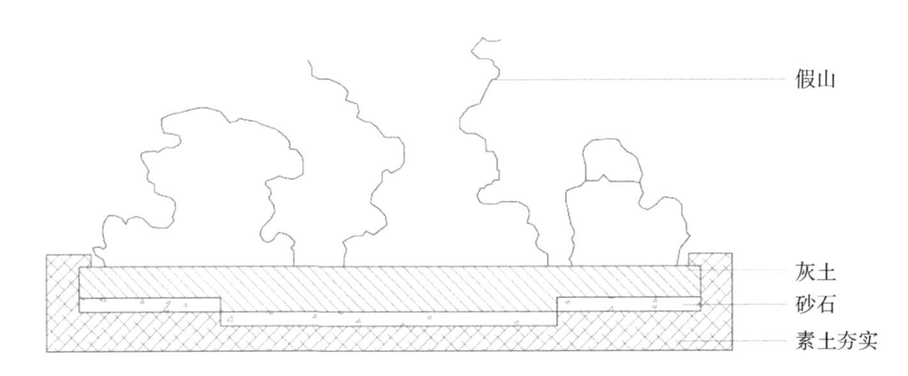

图5-1-39　灰土基础

5. 分层堆叠

（1）堆叠方法

做好地基之后，就开始假山叠山环节，岭南叠山构筑，主要有堆垒、叠砌和塑山三种方法。

①堆垒法。堆垒法主要运用大块天然山石，石体笨重，体量巨大，叠山只能用起重的方法来垒筑，很难执石端详，细致砌叠（图5-1-40）。

图5-1-40　堆垒法（清晖园）

图5-1-41　横纹拼叠（余荫山房）

②叠砌法。叠砌法主要配合堆垒法和塑山法运用。常见拼叠技法有三种：一是横纹拼叠，使石纹呈横势，层层向上堆叠，类似山水画中的折带皴法，简称横叠（图5-1-41）。二是竖纹拼叠，石料依石纹竖势直并，并以石缝的显示来加强竖纹的效果，类似山水画中长披麻皴法，简称竖叠（图5-1-42）。三是横竖拼叠，俗称“碎石”叠法。顺着山石的形、纹、势、气，横竖拼叠（图5-1-43）。

图5-1-42　竖纹拼叠（余荫山房）

图5-1-43　横竖拼叠（清晖园）

③塑山法。塑山法是以模胚为骨架，以石皮为表材，连镶带贴的掇山技法，其做法一般分为“对纹”和“绚纹”两种。对纹所用石皮，要求纹理清晰，色泽均匀，贴石时须讲究前后、上下石面的斜正纵横纹路；绚纹则不论表面纹理，甚至可以采用不同的石料，先将贴好的石形用水淋透，增加石面的湿润度，再以水泥掺乌烟和少许色粉调成石色粉洒粘于石上，以遮盖斧凿之痕迹。最典型的当数陈廉仲公馆“风云际会”英石壁山和“狮子滚球”石景，而顺德清晖园扩建部分“黄罗伞遮太子”英石假山则是对传统塑山技法继承与模仿之作（图5-1-44、图5-1-45）。岭南传统园林多以英石为山，因为英石很少有大块料，所以假山

图5-1-44　英石塑山法（清晖园）

图5-1-45　珊瑚石塑山法（清晖园）

常以铁条或钢筋为骨架，称为模胚骨，然后再用英石作石皮贴面，贴石皮时依皱纹、色泽而逐一拼接，石块贴上，待胶结料凝固后才能继续缀合。

岭南假山砌叠流程主要分为石头砌叠、压石咬合与固定黏接三步。按山体部位可分为下、中、上三部分，即山脚、山腰、山顶，砌叠技艺对应为立脚石做法、叠腰石做法、收顶石做法。

石头层次组合关系一般可分基础层、中间层、发挑层、叠压层、收顶层等。在匠师的叠山操作过程中，峰型叠山讲究“云头雨脚”，即山脚体量小，山峰石块出挑较大，整体形成一个倒三角形态。立基之后，用选好的主景石将假山的大致轮廓形势拼接出来，再从山峰向下逐步修补拼接，把不牢固部分修补完整，先定型后修补。按照“瘦、皱、漏、透”四原则，山脚部分过大会破坏整体“瘦”的效果，为确保后面镶石拼补能够有足够的发挥空间，一开始就要确保山脚的体积要小。

山脚的堆叠。基础完成后，进行叠砌山脚。山脚施工首先要根据假山的造型精确定位，选择石料要坚固，外形要与整体规划设计风格相统一。叠砌时要注意假山山脚的投影轮廓线，要凹凸变化、曲折自然、错落有致。因此，叠砌山脚处的山石，在平面上要有里外曲折变化，进出合理自然。同时，注意山脚石与基础石的接缝要低于地表。若基础石高于地表，则应采取补救措施，如在其前置1～2块山石，或栽植灌木遮挡，使其少露人工痕迹，更富自然情趣。山脚叠砌的高度应根据假山的体量和所使用的山石大小来确立，直接观赏到的石面，其安放应尽量一步到位，然后用碎石固定好。放好一层山石后要及时浇灌砂浆，待稍凝固后，可再砌第二层山石。叠砌山脚要时时注意山体的重心不得偏离中心，基础上的山石在山脚平面投影线上要大进大出，伸缩自然，否则极易砌成一堵石墙，从而使山脚呆板无势。

山腰的堆叠。山腰是山脚以上，峰顶以下的中间层，是假山造型的主要部分，所占假山体量最大，结构复杂，并起着承上启下、自然过渡的作用，同时也是最引人注目的部分。山腰叠砌在运用叠山技法上要随“石”应变，不能机械照搬，刻意追求。山体形态要从自然界中的山脉、山涧、峭壁、山洞、蹬道、瀑布、跌水、层次、缝隙、凹凸、曲折、虚实、呼应等形态都要在此展现。这样叠砌出的山体才自然协调，神韵天成。因此，在堆置山腰时，要因形就势，因境定形，巧妙搭配，尽力使山势高低参差，山体错落有致，山形变化自然。

峰顶的堆叠。峰顶是假山最上层轮廓，也是体现山势和神韵及造型效果的重点部位，对假山整体效果影响极大。为了达到一峰突起、余脉无穷的意境，峰顶一般要上大下小，展现假山的灵动险要或绮丽秀美。在相石时，就强调要选择轮廓和体态兼具峰顶特征的盖顶山石。根据出石盖顶形式，可将假山峰顶分为四种：

第一种为剑石峰顶，将狭长直立以竖向取胜的剑石立于峰顶，可造就一峰突兀、参差隆突的景色。山体的山石叠砌，其石纹均须上下垂直衔接，与剑石山顶自然协调。

第二种为堆秀峰顶，选用体形浑厚、纹理粗犷、秀美流畅的巨型山石放于山顶，使整个石峰巍然屹立，气魄宏大。

第三种为流云顶，山顶盖石横向伸挑，形如行云舒卷，这样既可稳定山势，又可造成优美的山石景观。

第四种为自然顶，自然顶又称综合顶，主要是模仿大自然中山顶形态，随山就势由若干块山石拼接而成，整个石峰上下相接自然，浑然一体，犹如一巨大的特置景石峰顶，往往四面均可观赏。

（2）叠山口诀

叠山技艺在南北方不同地区形成了各自不同的风格和技法，并各有匠谚口诀，这些匠谚口诀是叠山匠人常年经验的积累和总结，用于施工中的指导和师徒间的授受，并非僵化的教条。在实际操作中，匠师往往要根据地势、材料、意象等加以活用和巧用，这也正是掌握和驾驭叠石这门技艺的钥匙。

“叠”：主要指横向的整体叠落，强调山石的水平层状结构，有所谓“岩横为叠”，即用横石进行拼叠和压叠，以形成横向岩层结构的一种叠石技法，这是传统假山堆叠最常用的方法。但在具体堆叠中，必须留意石与石之间的纹理相一致（图5-1-46、图5-1-47）。

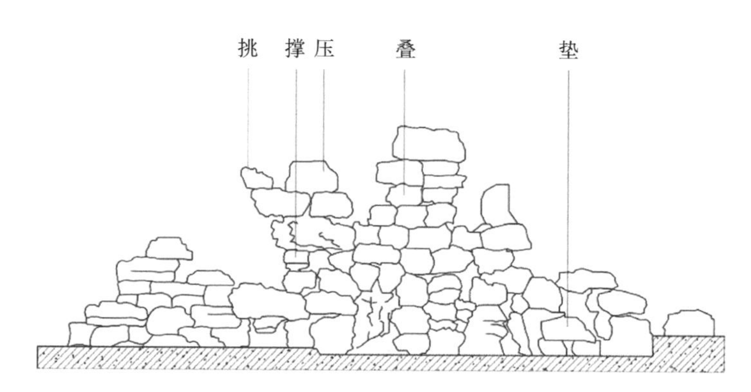

图5-1-46　横叠技法示意图

图5-1-47　横叠技法实物图

“竖”：指在叠掇竖立峰体时，要强调竖向的岩层结构，即所谓“峰立为竖”，即用竖石进行竖叠，因所承受的重量较大，而受压面又较小，所以必须要做好刹垫，让它的底部平稳，不失重心，并拼接牢固。如广东省粤剧博物馆的假山造型就是用竖叠竖向的岩层结构进行施工造型的。在竖叠时，应注意拼接咬合无隙，有时则需多留些自然缝隙，不作满镶密缝，以减少人工痕迹（图5-1-48、图5-1-49）。

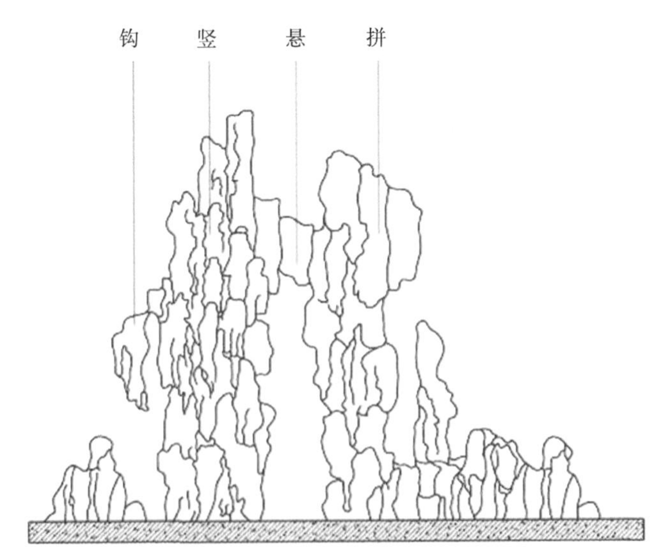

图5-1-48　竖叠技法示意图

“垫”：施工中在山石底部缺口和缝隙处要垫上石块，以求稳定，卧石出头亦要垫石支撑。古人叠石主要采用干砌法，当山石底部缺口较大时，需用块石支撑，平衡者称为垫；而采用小块楔形薄石片打入石块下面的缝隙时称为“刹”，主要靠垫和刹取得石组的稳定性，胶结材料和勾缝只是起辅助和修饰作用，因而垫是保证山体中心稳定和结构坚固的关键技法（图5-1-46、图5-1-47）。

图5-1-49 竖叠技法实物图

“拼”：拼主要指山石的搭配组合（图5-1-48、图5-1-49）。

“挑”：石横担伸出为挑，又称飞石，常是在竖向山体收顶处用横石挑出，做悬垂状，营造飞岩飘云之势。挑石前端若上置石块则称“飘”，这种方式也可用于洞顶、门头和桥台等处。挑石之上需用重量数倍于条石的大石进行压重平衡（图5-1-46、图5-1-47）。

“压”：与挑相应，在挑出的横石上做压重处理，即“偏重则压”。压又分为收头压顶、前悬后压、洞顶凑压等多种方式。压的原则是既要考虑安全稳固，又要兼顾自然美观，还需留出一定的狭缝和空洞，以便填土、种花、种树（图5-1-46、图5-1-47）。

“钩”：指当水平伸出的山石过多时，在端部要叠加向上或向下的小块山石，成钩状，以避免横竖和平直状所产生的呆板，即所谓“平出多时应变为钩”。在横向挑出的山石端部上面叠加石块时，要保持质感和纹理一致，并在接缝处抹灰胶合，保证稳固。若在挑出的山石底部加悬石，则需用铁件榫接，并嵌灰勾缝，施工中需用撑木临时支撑（图5-1-48、图5-41-9）。

“悬”：指山洞结顶时候，两侧用拱石夹持，中部用上大下小的石块倒垂嵌入，形成下悬之势（图5-1-48、图5-1-49）。

“撑”：指用山石斜撑来加固，所谓“石偏斜要撑”“石悬顶要撑”。撑不但在结构上起支撑作用，也可形成洞、环、余脉等特殊效果，关键在于选择好支点的位置，并注意连体效果（图5-1-46、图5-1-47）。

6. 收顶

收顶即指处理最顶层的山石，叠山匠师常称之为“结顶”。从结构上看，收顶的山石要求体量大的石头，以便合凑收压。从外观上看，顶层的体量虽不如中层大，但有画龙点睛的作用。

7. 镶石拼补

镶石拼补是叠山细部加工的重要环节，起到保护缓冲垫层，及连接、勾通山石之间纹脉的作用。镶垫石具有承重和传递重心，增加结构强度的功能。镶石的位置，主要看大石块衔接处的水泥灌浆孔洞的大小，当孔洞较大，处理痕迹较为明显时就应当进行镶石处理。选石大小约为缝隙两侧的石块体积的一半，要与两侧石块纹路自然衔接，组合的山势应顺应落差。

8. 勾缝着色

从宋代李诫撰《营造方式》中可以看到用灰浆泥假山，并用粗墨调色勾缝的记载，因为当时风行太湖石，宜用色泽相近的灰白色灰浆勾缝。从一些假山师傅拆迁明、清的假山来看，勾缝的做法尚有桐油石灰（或加纸筋）、石灰纸筋、明矾石灰、糯米浆拌石灰等多种，湖石勾缝再加青煤，黄石勾缝后刷铁屑装置盐卤等，使之与石色相协调。现代掇山广泛使用1∶1水泥砂浆，勾缝用“柳叶抹”，有勾明缝和暗缝两种做法。一般是水平方向缝都勾明缝，竖直方向缝勾成暗缝，在结构上形成一体，从外观上看有自然山石缝隙之美。勾明缝务必不要过宽，最好不要超过2厘米，如缝过宽，可用随形之石块填后再勾浆。勾缝着色也是在整体山形完成之后进行细部加工的重要环节。勾缝需经过洗石、促浆、配色、紧密、干刷、湿刷、养护八道工序。匠师一般运用水、水泥、墨汁调成色浆后直接刷在未干的拼接缝上，经吸附干燥后可保持多年不褪色，勾缝的色度一般都要与山石色泽接近。着色湿刷是指勾抹后趁湿用盐卤铁屑刷所嵌之缝，使之不至于显露突出。干剁则是指使用砖刀在干结的水泥缝上轻砍出横向纹理。勾缝着色后，必须连续喷水养护，才能有效地增加水泥的凝结程度和石山的强度，同时减少水泥缝泛色。

9. 调试清场

整座假山完成后，还需要用水泥砂浆或混凝土配强，按施工规范进行养护，以达到标准强度。水池放水后对临水置石进行调整，如石矶、步石、水口、水面的落差及比例等。所有环节完成后，叠山场地的清场也必须遵守一定的顺序，以保安全。假山施工的清场包括覆土、周边小峰点缀、局部调整与补缺、勾缝收尾、植物配置、放水调试等，由此才完成全部叠山过程。

四、叠山常用工具

（1）方铲。在开采石头的时候，把挖出的土方运到指定处堆放，也可用于翻拌水泥。

（2）尖铲。用于铲土，铲子质地较硬，可脚踩施力。

（3）铁镐。撬起石头凸起的部分使石头表面较为平整，平的一头用来撬石头，尖的一头用来凿石头。

（4）锯子。将木棍锯短到合适的长度以支撑或固定石头；也可用于将石头附近的树木灌木锯掉便于开采。

（5）铁敲。轻敲石块，使石头更好黏合。

（6）手套。施工时工人佩戴于手上，避免直接接触英石导致划伤，保护双手。

（7）起吊仪。在一些吊机无法进入的山区，与用绳绑好的连环钩、滑轮结合来吊起石块。

（8）铁钳。用于剪断钢丝，同时用于扭转钢丝以使石头捆扎更紧，或将钢丝收口。

（9）墨水。勾缝着色时，与水、水泥混合调成色浆后刷在未干的拼接缝上，使拼缝颜色与英石更接近。

（10）抹泥刀。在桶中搅拌水泥、取用水泥涂抹于石上。

（11）灰板。与抹泥刀用法相似，但相较于抹泥刀不便于搅拌水泥。

（12）水泥。用于黏合假山石块，填充石块间的空隙。

（13）桶。用于混合、搅拌、盛装水泥，便于移动和涂抹。

（14）黄糖。早期制作假山时，当水泥效果不佳时，将黄糖与水泥混合，使假山石块黏合更牢固、坚实。现较少使用于大型工程中，偶于盆景制作中使用。

（15）铁/钢丝。多用于中小型英石假山或盆景的制作，在假山盆景塑形时固定石块位置。同时在两块（也可以是多块）石块之间涂上水泥时，用来固定石块位置，将石块捆紧黏合，水泥干透后方可拆除。有悬挂、捆扎两种用法。

（16）木棍。立基阶段，在未上水泥或水泥未干时，用于支撑故作悬挑或于高处悬空的石块，辅助上层堆叠。

（17）石刷。用于刷洗刚开采下来的英石表面的杂质。

（18）锤子。多用于中小型英石假山或盆景的制作。石块太大不符合造型时，用来敲掉石头的一些部分。同时可用于轻微敲击石头，使石头之间的黏合更稳固。在某些情况下，也用于在石头中敲入钢钉固定。

五、叠山工程案例

和园位于顺德北滘，是近年新建的岭南古典园林作品，以传统技法再现古色古香、趋于自然的石山、石桥和亭台楼阁。其英石堆山和黄蜡石溪涧格局延续了传统岭南园林的掇山叠石手法，以广东英石和黄蜡石为主材，运用堆石法、置石法和挂壁法，将英石竖置或横置，采用自然山石掇叠成假山，结合理水形成逼真的庭院悬崖瀑潭、英石壁山；通过随意平置、抛石和埋石等手法，形成自然的黄蜡石溪涧（图5-1-50～图5-1-57）。和园中的假山叠石主要有四部分：一是主景英石假山部分，二是由黄色的山石堆叠成溪涧部分，三是与书院建筑墙面结合的假山部分，四是散落在园林两旁和庭院景石。

随着时代和科学技术的发展，叠山更趋专业化和技术化，计算机辅助假山设计技术的发展，丰富了叠山景观设计手法。以水泥为代表的新型合成材料开始逐

图5-1-50　英石散置

图5-1-51　英石假山

图5-1-52　叠山瀑布

图5-1-53　叠石驳岸

图5-1-54　英石叠山瀑布

图5-1-55　英石假山

图5-1-56　叠石壁山

图5-1-57　蜡石溪涧

渐应用到园林的建造中。由于水泥的可塑性强，并有坚固、易购、廉价和贴近天然石等优点，成为假山天然石的理想替代材料。当前又相继出现了玻璃纤维强化水泥、玻璃纤维强化树脂、碳纤维增强混凝土等新材料，成本低且更接近自然，为现代假山艺术的发展提供更加广阔的空间。

第二节　理水技艺

理水是岭南园林布局的精华所在，园无水则不活，水作为岭南园林造景的一条主线，是沟通内外空间，丰富空间层次的直接媒介，也是调节气候、降低气温的有效途径。

岭南园林理水历史从出土的南越宫署遗址可追溯到秦汉时期，至清朝中后期达到发展的顶峰。受中原遗风，及岭南的自然环境、地理条件、社会和历史人文等因素影响，表现出明显地域性的理水风格特征。

水在园林中不仅可以自己独立成景，而且还可以与山石、建筑、植物等造园因素组景，成为园林中的主景或重要景点。园林中有了水，便有了形形色色的水景，这些水景创造出清新柔美的环境，使人们与园林建筑、小品、植物更加亲近，从而重温大自然素朴的气息，感受到回归自然的惬意（图5-2-1～图5-2-4）。

图 5-2-1　余荫山房的规则式水池

图5-2-2　顺德清晖园的罗汉池

图5-2-3　佛山梁园汾江草庐前的水池

图5-2-4　东莞可园的曲尺池

一、岭南传统园林水景

岭南园林水景的种类可分为湖泊、池塘、潭、河流、溪流、跌水、瀑布等，水面大小形状各异，大者为湖，小者为池，湖（池）水外溢流出又组成弯曲多变的水景。水体的每种形态特征都带着深厚的文化积淀，与人文景观渗透融合。

（1）湖泊

为湖的总称，是园林中出现最多、面积最大的水体形态，在自然界和园林造园中，水体以“聚”的特点并最引人注目的形式存在，如佛山梁园的中心湖（图5-2-5）和东莞可园的可湖（图5-2-6）。

图5-2-5　梁园的湖景

图 5-2-6　可园旁可湖之水

（2）池塘

池塘的面积较湖泊小，园林中常称为“池”。池往往以自然式水池、规则式水池或综合式水池的形式出现。自然式水池其池岸曲折而自然，规则式水池由直线或弧线相围（图5-2-7、图5-2-8），水景大方简洁、规整朴素。

图5-2-7　余荫山房规则式灵龟池

图5-2-8　梁园的综合式船厅水池

岭南园林水池形态主要以规整几何形式为主，原因之一是其造园面积不大，再加上庭院式布局和规整的建筑形式，规则式水体更节约空间，形状有曲尺形、半月形、方形等，也有部分则是将规则式池岸同自然式的山水相结合。形成这一独特理水形态的另一原因是源于岭南地域传统文化的影响，如出土的陶器皿等，多数是几何印纹理，展示古代岭南人对几何形体独特的偏爱。

岭南园林主要有环水布局和聚合式布局两种，主要原因是受场地限制、地域文化及外来文化等综合因素的影响。环水布局早在西汉南越国宫署御苑方形水池就已出现，建筑筑于水间，四面环水。这种布局突出建筑物的特点，而水中的倒影也能为建筑增添美感，如番禺余荫山房中的玲珑水榭，采用八角形的环水池岸（图5-2-9）。聚合式的理水方式，建筑在水池四周环列布置，水景观布置在中间，形成一种向心内聚的格局，可使有限的空间产生扩大、舒畅、幽深、亲切的感觉。这种布局方式主要因为岭南传统园林面积相对较小，采用聚合式理水可以显示出较大的水面，同时采用静止的水景可以给人一种宁静开朗的感觉，也能保持水面的完整性（图5-2-10）。

图5-2-9　余荫山房八角形环水池岸

图5-2-10　余荫山房廊桥聚合池岸

（3）潭

潭一般是指面积较小而水又很深的水面。常和人造瀑布或跌水组合成景，成为瀑布、跌水水体的一个“接水器”，即瀑布、跌水循环用水的蓄水池。潭的面积或容积要根据瀑布、跌水的面积、水量来决定，且与瀑布、跌水自然协调。为了更加贴近自然，溢出的潭水流出形成河流或溪流，也有的和湖泊池塘连成一体（图5-2-11）。

图5-2-11　清晖园九狮山水潭

（4）河流

园林中的河流主要依托自然河道，通过修建亲水的岸阶，布列贴水的曲廊敞榭，栽种树木花卉，形成景观。把天然河流融为园林的一部分，有利于提高环境质量，丰富园林景观（图5-2-12）。

图5-2-12　梁园汾江草庐旁河流

（5）溪流

溪流因山成曲折的水体姿态，具有动态之感。岭南园林中溪流是连接“池”与“池”不可缺少的纽带，使水体聚散分明，有机相连。溪中架桥，溪中布石，使园路相连、四通八达。溪水还可以将各种园林建筑、园林小品、园林植物串联组合起来，使园中景色层次丰富，空间变化多端，达到“小中见大”、曲径通幽的效果（图5-2-13、图5-2-14）。

图5-2-13　梁园溪流

图5-2-14　可园溪流

（6）跌水

跌水是指由一定坡度的河床或山坡倾泻而下的流水，与瀑布的区别主要在于落水的坡度和高度。自然界的跌水一般和河、溪、潭等水体相接，或者说跌水是河流、溪流的一部分（图5-2-15、图5-2-16）。

图5-2-15　广州市新文化馆跌水

图5-2-16　顺德和园跌水

（7）瀑布

瀑布指从山崖上或河床突然断裂下沉的地方倾泻而下的流水。一般分为一折、二折及多折等形式。在园林中，各种形态的瀑布无一不是仿造自然界瀑布的形貌特征。在岭南园林理水中，瀑布多与假山相结合造景，叠山瀑布是对自然山水的"摹写"，利用山石堆叠，引水从高处落下，营造奔腾的动感之态。而水池中大面积静止水面与山石一起，营造出丰富的空间层次。如清晖园的九狮山，是一座由英石垒砌而成的假山，看上去形如九只大小不一的狮子，高度不高，但凭借独具匠心的设计，山上花木扶疏，相映生辉，跌水飞瀑，循环迁回（图5-2-17）。同时园内西面的凤来峰，采用花岗石，结合人工瀑布，十分壮观（图5-2-18）。

岭南传统园林叠山瀑布常用岩、壁、峡、涧等艺术方式将水引入园林，效仿自然形成河流、小溪、瀑布等，构成美妙的视觉效果。如清晖园的九狮山、凤来峰，余荫山房后花园的横向流云式堆山，与峰下的水池结合，形成崖瀑池景观。

叠山瀑布是园林中最引人注目的声形兼备的动水景观。造园时，人们依天然景象创造了形态各异、声形俱佳的瀑布，从瀑形上可分为挂瀑、帘瀑、叠瀑、分瀑等形式。瀑身一般依据假山的体量可长可短，短者三五米，长者可达数十米。

图5-2-17　清晖园九狮山瀑布

图5-2-18　清晖园凤来峰瀑布

二、理水技艺

1. 驳岸处理

岭南园林驳岸根据材料可分为石岸和土岸。岭南园林理水池岸多是石岸，主要为节约用地和免受雨水破坏，石岸又分为驳石池岸、叠石池岸和卵石驳岸。

驳石池岸多用山石和条石等砌筑，所选材料是岭南盛产的白麻石和褐红色花岗岩，因此呈现出规整叠砌的水池外形（图5-2-19～图5-2-28）。

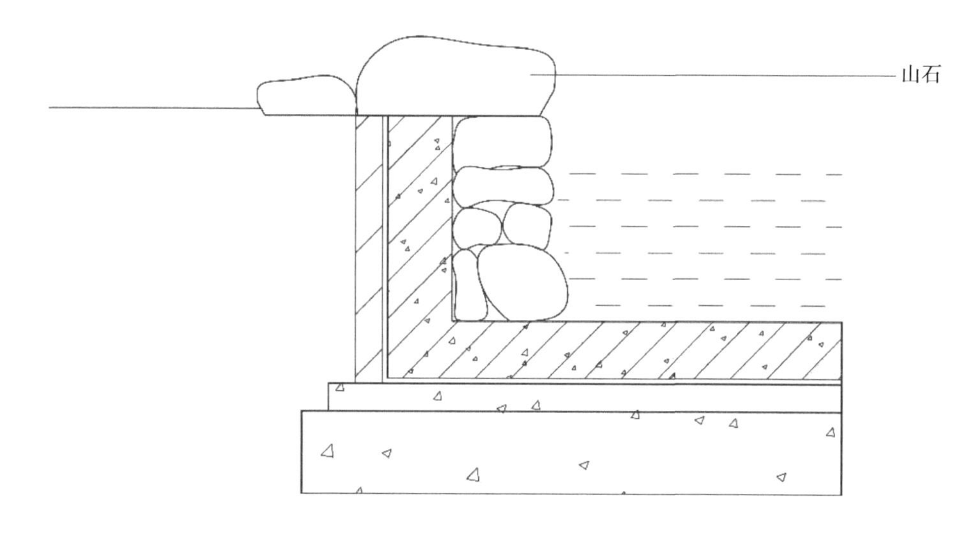

图5-2-19　驳石池岸剖面图（山石）

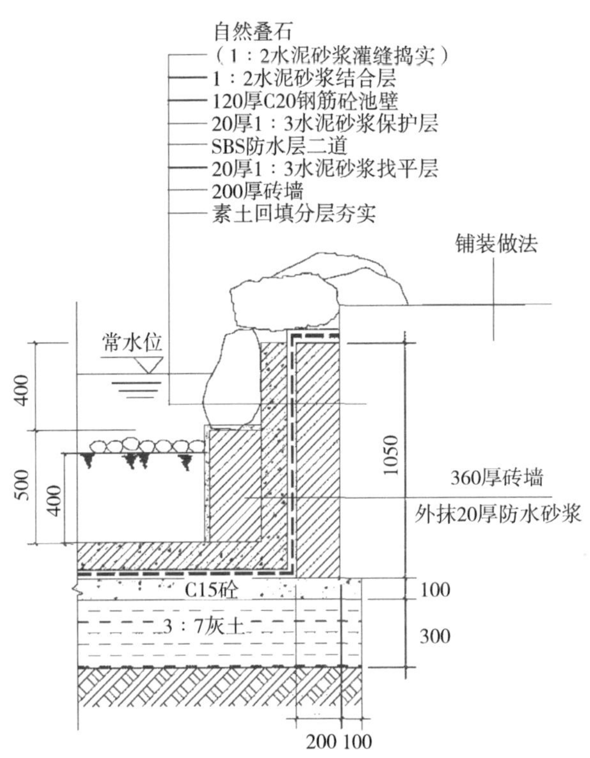

图5-2-20　驳石池岸施工大样图1（山石）

图 5-2-22　梁园驳石池岸（山石）

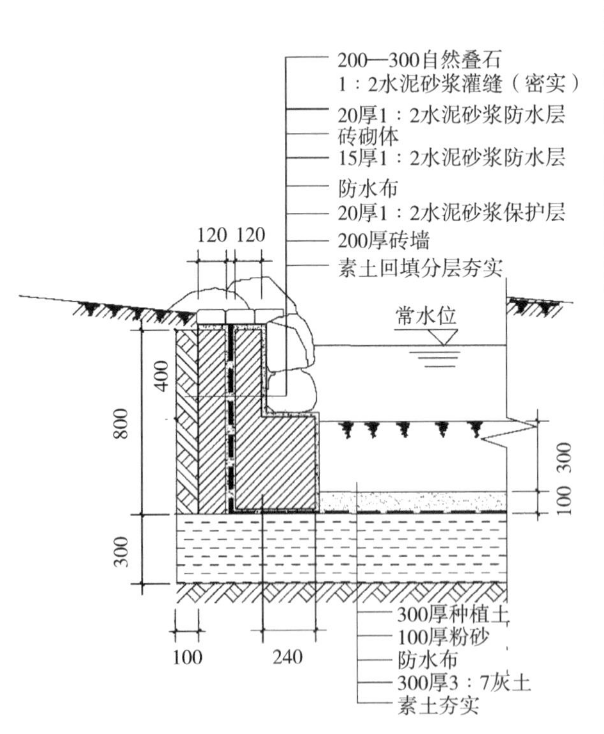

图5-2-21　驳石池岸施工大样图2（山石）

图 5-2-23　可园驳石池岸（山石）

图 5-2-24　惠州丰渚园驳石池岸（山石）

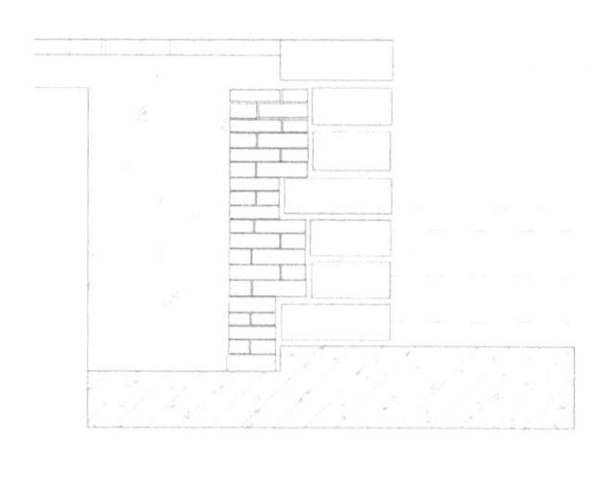

图5-2-25　驳石池岸剖面图（条石）

图5-2-26　清晖园驳石池岸（条石）

图5-2-27　广州文化馆驳石池岸（条石）

图5-2-28　余荫山房驳石池岸（条石）

叠石池岸一般采用池岸护坡叠砌或者堆山叠石的方式，多用于水面面积较大的水景中，以岭南特色的黄蜡石、英石、河石等砌筑，做成曲折岸线或者河石滩岸等形式，池岸高低错落，层次分明，形成活泼自由，天然野趣的景观效果；常与假山融为一体，彰显叠山理水的神韵（图5-2-29～图5-2-33）。

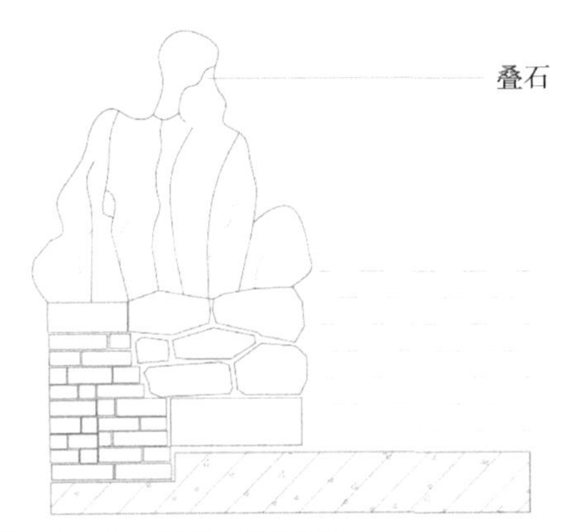

图5-2-29　叠石驳岸剖面图

图5-2-30　梁园叠石池岸

图5-2-31　清晖园叠石池岸

图5-2-32　广州市文化馆叠石池岸

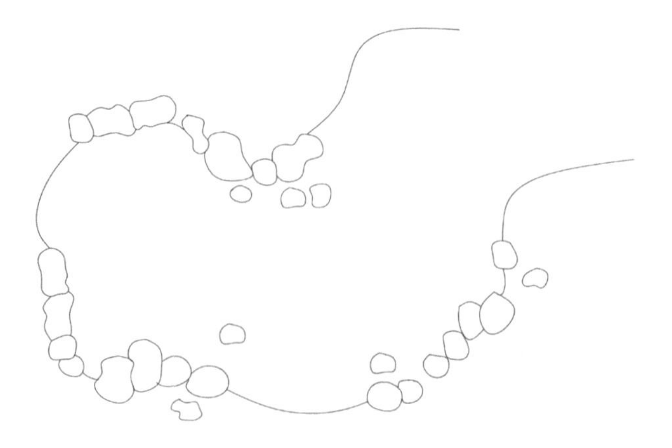

图5-2-33　广州市文化馆叠石池岸平面示意图

卵石驳岸一般有散铺卵石和镶嵌卵石两种类型；卵石驳岸坡度一般控制在20°～30°，为了防止卵石下滑，一般在水底部适当多置大块卵石，以增强稳定性。大卵石摆放要平稳，小卵石摆放要随意，大小相间相互卡接要牢固，卵石镶嵌要得体，其轨迹线宽窄随意，弯曲自如，变化要合宜、自然，使之具有很强的亲水性（图5-2-34、图5-2-35）。

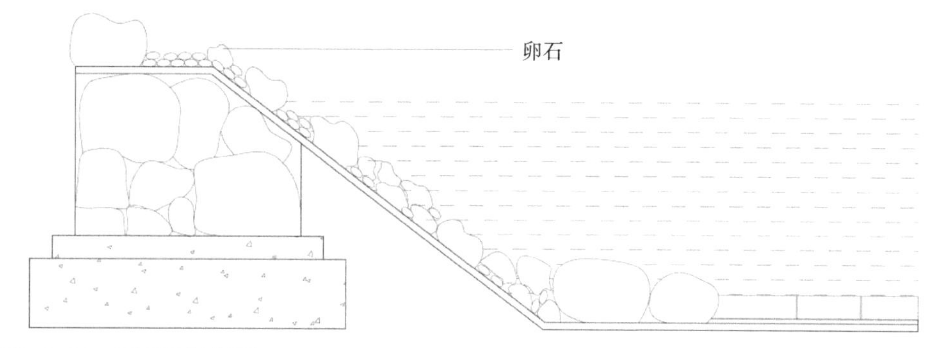

图5-2-34　卵石驳岸剖面图

图5-2-35　惠州丰渚园卵石驳岸

土岸也称生物驳岸，常用于大面积的平坦之地的水面，形态上是倾斜入水的缓坡，池岸布满绿草或者古树深根或者灌木三三两两，富有自然原野的乡土气息。岭南庭院由于规模较小，选用土岸的庭院极少，只有部分荷塘采用土岸（图5-2-36）。

2. 防渗处理

驳岸的防渗防漏是理水工程中必不可少的工序。具体做法是在将基土夯实后，先铺一层10cm厚的砂石，在砂石上砌30～50cm厚的毛石，毛石上铺一层4～5cm厚的混凝土，然后在上面铺设建筑铁丝网，增强混凝土的拉力，预防混凝土断裂，再在铁丝网上铺一层4～5cm厚的混凝土，同时将混凝土震实。常用的防渗防漏材料种类各不相同，如塑料薄膜、混凝土、黏土、防水毯等材料（图5-2-37）。

图5-2-36　惠州千年古树园水池土岸

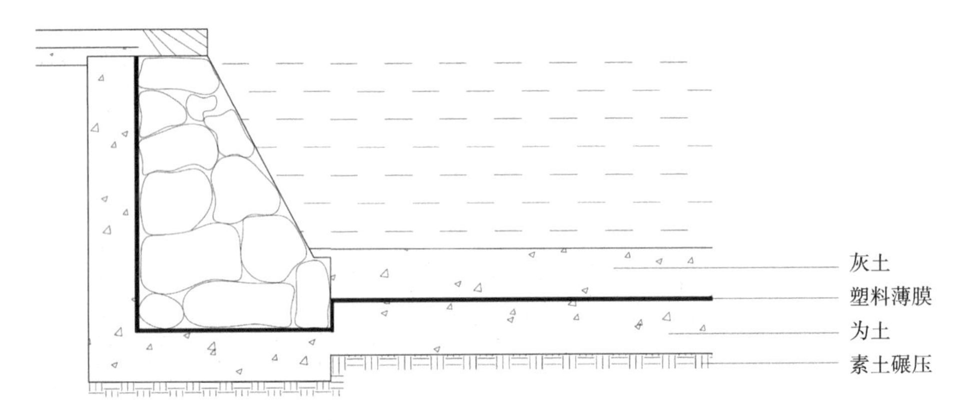

图5-2-37　防渗驳岸和湖底做法剖面图

在水景工程设计和施工中，湖（池）底的防渗防漏往往是和驳岸一起施工的。由于湖（池）底面积较大，出现渗漏的地方也会比较多，施工中应注意：

①铺设灰土和垫层厚薄要均匀，夯实程度要一致。

②基础接缝和驳岸中预埋的多种管道接口、新旧断面的衔接、与驳岸基础的结合、防渗材料的接口等要处理好。

③做好防渗材料铺设后的养护，防止施工过程中人为的破损。

④湖（池）底的防渗防漏还要注意水流冲击力造成的损坏。往往是瀑布的接

水器或蓄水池，会被“水滴石穿”，水流冲击力之大是可想而知的。而且随着水量的增大，落水高度的增加，其冲击力会更大。因此，往往在湖（池）底铺衬数块山石或数层鹅卵石，或加大湖（池）水的深度，以缓和高处落水的冲击力（图5-2-38）。

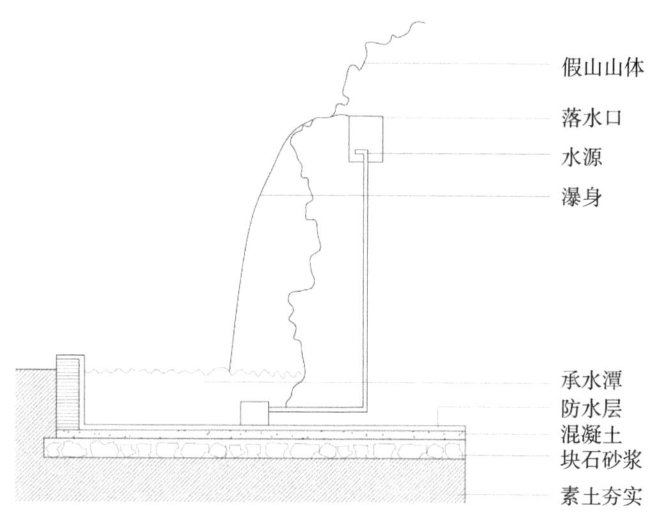

图5-2-38　瀑布构成剖面图

3. 水质处理

“疏水之去由，察水之来历”是理水的关键。岭南地区河流密布，雨水充足，有山有泉，使得岭南传统园林注重利用自然条件，引用江、涌、溪、泉等活水进行造园。如佛山梁园群星草堂、汾江草庐等园林都建在汾江河附近水网中，东莞可园引用旁边可湖之水，因园内无大面积水体，巧妙借用旁边可湖之景，来补充园内景观不足。

理想的园池用水是引入园外自然水系，设置水口水闸，保持水体的自然流动，减少水体因滞流而变质浑浊。无自然水系可资借用的情况下，也可尽量采用循环水系统，依靠水的流动维持池水的水质，其中包括植物和动物在内的生态系统设计，最终取得水体净化的效果。

4. 水景施工程序

岭南园林理水注重因地制宜，同时也会结合自然环境、历史文脉等特征，进行构思立意，以水言情，以水喻志。

理水工程首先要按照理水规划施工图纸进行施工，施工前要掌握场地气象、水文、立地条件等情况，比如要考虑气温、降水、驳岸冲刷、水底渗透的变化会影响施工的进度和质量。

岭南园林驳岸施工程序包括实地测量、施工放样、基础开挖、基础施工、基础上的施工、其他配套工程等步骤。

①实地测量。由相关专业技术人员按照规划设计图纸，标出驳岸具体位置，掌握管线情况。

②施工放样。用石灰线放出驳岸的土方挖掘样线。

③基础开挖。对尺度小的园林驳岸可用人工挖掘，对尺度大的场地可用机械挖掘，过程中要做好基地渗水和排水处理。

④基础施工。首先，对基层进行找平或留有一定坡度；其次，素土或灰土夯实；然后，进行垫层和防渗、防压层的措施处理；最后，进行生态防护措施，预留种植槽、种植池或铺设种植层。

⑤基础上的施工。注意驳岸、池壁、假山、瀑布、跌水、喷泉等的叠砌和造型，同时关注进水管、排水管、电缆等的铺设。

⑥其他配套工程。桥、亭、榭、汀步、甬路、绿化等的设置。

5. 工具

①挖掘机。挖土方，填埋和压实。

②方铲。可用于翻拌水泥。

③尖铲。用于铲土，铲子质地较硬，可脚踩施力。

④铁敲。轻敲石块，使石头更好黏合。

⑤手套。施工时工人佩戴于手上，避免直接接触导致划伤，保护双手。

⑥起吊仪。与用绳绑好的连环钩、滑轮结合来吊起石块。

⑦铁钳。用于剪断钢丝，同时用于扭转钢丝以使石头捆扎更紧，或钢丝收口。

⑧抹泥刀。在桶中搅拌水泥、取用水泥涂抹于石上。

⑨水泥。用于黏合石块，填充石块间的空隙。

⑩桶。用于混合、搅拌、盛装水泥，便于移动和涂抹。

⑪锤子。石块太大不符合造型时，用来敲掉石头的一些部分。同时可用于轻微敲击石头，使驳岸石头之间的黏合更稳固。在某些情况下，也用于在石头中敲入钢钉固定。

三、理水工程案例

顺德和园作为当代新建的岭南传统园林，从理水的水面形式来看，园林理水在引水入园的基础上，融入岭南园林中的建筑形态，同时受到建筑的形式所限，体现了“宜曲则曲，合方则方”的这一观点。理水上的植被、池岸上的栏杆、石雕等，丰富了理水的景观空间。园林元素点缀在理水立面各层次，突出了岭南园林理水的地域特色。运用岭南地域特色的理水造景手法及空间构成，充分利用当代科技和新材料，并结合生态可持续发展的新设计理念，塑造出独具匠心的优美园林景观（图5-2-39～图5-2-43）

图5-2-39　瀑布

图5-2-40　跌水

图5-2-41　自然式驳岸

图5-2-42　规则式驳岸

图5-2-43　叠石驳岸

图5-2-44　生态驳岸

第六章

景观小品与植物配置

第一节 景观小品

岭南传统园林景观小品指园林中体量小巧、造型新颖，用来点缀园林空间和增添园林景致的小型设施，在岭南传统园林中常见景观小品有景墙、漏窗、景门、栏杆、树池、坐凳、楹联等，它们具有空间分隔、艺术审美等功能。

一、景墙

岭南传统园林中的墙体因为具有装饰性而称为景墙。景墙具有隔断空间、衬托景色、装饰园林、保护等作用。

岭南传统园林景墙形式多样，按功能可分为界墙和内墙；按通透程度分为实墙和漏砖墙；按构造材质可分为清水砖墙、白粉墙、乱石墙等；按高度可分为高墙和矮墙等；按墙头的造型可分为平墙、顺应山地地形的阶梯墙头和波浪造型的云墙等。界墙也叫围墙，位于宅院最外围的边界，框定园子的范围。岭南私家园林地处市井之中，封闭而内敛，界墙是隔绝外界的屏障，起防护功能，墙体往往高大厚实。界墙外侧表面光滑不易攀爬，内侧常用植物、假山，灰塑装饰等方式弱化高墙带来的沉闷感和压迫感。有的界墙设置有漏窗，窗沿高度高于墙外行人的视线，以防路人从墙外窥视园内景象（图6-1-1～图6-1-6）。

图6-1-1　清晖园的青砖界墙瀑布

图6-1-2　清晖园的阶梯状墙头

图6-1-3　清晖园的云墙

图6-1-4　清晖园的去墙与假山

图6-1-5　清晖园的内墙

图6-1-6　余荫山房的界墙

内墙与建筑物、连廊一同划分园内院落，增加空间层次，采用的形式则更多。通过在墙体中镶嵌造型各异的景门、什锦窗、漏窗等，使得墙体更加通透，起到框景、透景、借景的效果，造就了空间的不同特点，丰富游览路线和空间体验感。

按墙身材料分类，常见的有以下四种：

1. 清水砖墙

在岭南地区，景墙和建筑墙身常采用清水青砖墙，比起江南地区色调清雅的白粉墙，青砖墙面的耐腐性、隔热性、透气性、吸水性等更好，能防霉、调节空气湿度，更适应本地湿热多雨的气候。青砖墙错落层叠，共同构成了岭南园林建筑灰色的主色调。

清水青砖墙的“清水”指墙体表面不加粉刷、不加贴面的做法，因此清水墙的做法对砖和砌筑工艺要求较高。清水青砖墙的砌筑工艺包括青砖加工、灰浆制备、弹线摆活、砌筑青砖、灌浆、打点墙面等步骤。重要部位的清水砖墙讲究对缝整齐，但青砖受烧制工艺影响，出窑后外形尺寸偏差较大，因此在砌筑前必须进行截头、刨直、磨平加工，使其大小统一，棱角分明，灰缝一致。砌筑青砖时，须按墙体尺寸进行试摆，调整好砖缝宽度、摆法，每砌筑完一层后采用灰浆或砂浆进行灌浆或沟填砖缝，以防止雨水和风的侵入。常用灰浆一般为生石灰浆或桃花浆（生石灰与糯米或生石灰与黏土按6：4的重量配比拌成）。

青砖的砌筑形式大致分为以下几种：

（1）干摆墙：即水磨砖墙，表面呈灰色，平整无花饰，砖的立缝和卧缝都不挂灰，是一种极为讲究的墙体。它通常采取“磨砖对缝”砌法，需要将砖砍斫和较细打磨的加工，砌墙时不铺灰而是要灌缝，摆砌后墙面无灰缝。砖与砖水磨后，把砖块试行安装拼缝好，层层叠起后，用灰浆从青砖反面灌进去粘接。这种青砖墙砌筑好之后，外观有缝而又不见缝，美观防水，非常坚固，多见于墙体靠下的下碱等重要部位（图6-1-7、图6-1-8）。

图6-1-7　南园酒家的干摆墙

图6-1-8　加工后的青砖

（2）丝缝墙：特点是墙面用砖，需要简单磨面加工，摆砌后墙面灰缝2～3毫米。丝缝墙常用于墙体上身部分，常与干摆墙组合，或用于较为重要的场合（图6-1-9）。

图6-1-9　清晖园的丝缝墙

（3）淌白撕缝：特点是墙面用砖，只需简单磨面加工，可采取直接将灰浆铺满而不加灌浆的做法，摆砌后墙面灰缝5～6毫米，做法较丝缝略粗（图6-1-10）。

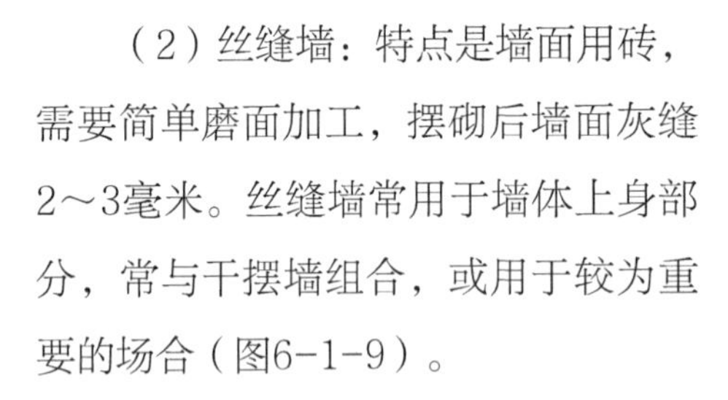

图6-1-10 淌白撕缝

（4）带灰刀：使用未经砍磨的砖，用砖刀刮灰勾缝的砌法，为垒砌一般房舍用，灰缝5～8毫米。

（5）糙砌：是砖不加工、不勾缝，灰缝较大，多为加抹面的墙体砌筑法。

青砖墙墙顶一般为砖砌挑檐或屋面瓦。瓦件由仰瓦、桶瓦、瓦当和滴水组成，一般保留陶瓦本色砖红色或灰色，近现代的岭南园林作品中也有应用各色琉璃瓦的案例。滴水和瓦当的端面常印刻有吉祥图案。一些简化的做法可以不用滴水。（图6-1-11～图6-1-13）。

图6-1-11 清晖园丝缝墙的屋面瓦墙头

图6-1-12 四会白土砖瓦厂古法生产的滴水瓦当

2. 白粉墙

江南园林中常见的石灰抹面的白粉墙，在岭南地区容易生霉而影响墙面美观，并不常用于岭南园林室外。因此岭南古典园林中的白粉墙常应用于一侧依墙、一侧开敞的半廊中，用连廊宽敞的屋檐保护墙体不被雨水侵

图6-1-13 佛山祖庙淌白撕缝墙的屋面瓦墙头

图6-1-14　可园连廊侧的白粉墙

图6-1-15　清晖园室外的白粉墙生霉

蚀（图6-1-14、图6-1-15）。

3. 乱石墙

乱石墙是用石块堆砌而成，其中最好的材质是坚硬的黄褐色毛石。大小石块堆叠交错，尤其适合在假山间修砌，很有野趣。在岭南古民居中，乱石墙常作为挡土墙或地基使用，具有经济耐用的特点（图6-1-16、图6-1-17）。

图6-1-16　高要八卦村的卵石挡土墙

图6-1-17　清晖园的乱石墙体景墙

4. 漏砖墙

漏砖墙通过砖的花式砌法做出半通透的墙体，既有遮挡墙外视线的作用，又能隐现墙外景色，达到漏景的效果。常见于岭南传统民居的建筑墙体和栏杆式样中（图6-1-18）。

图6-1-18　岭南民居栏杆

二、景门

景门是在景墙上开设的门洞，是连通各个庭院间的通道。内墙上的景门多不设门扇，门洞本身具有装饰性、观赏性，也是周围环境的取景框。

门洞的形状有方形、圆形、椭圆形、八角形等规则几何形，也有瓶形、葫芦形、鱼尾形等拟物形状。边框用抹灰、木框、石框、清水磨砖、灰塑等进行装饰，其中以灰塑呈现的罗马柱和西式拱门装饰最有地域特色，这些西方元素同门楣上的中国山水画和门侧的牌匾的结合，是岭南工匠们的大胆尝试（图6-1-19～图6-1-30）。

图6-1-19　可园“壶中天”圆洞门

图6-1-20　清晖园方景门

图6-1-21　清晖园椭圆形景门1

图6-1-22　清晖园椭圆形景门2

图6-1-23　南园酒家的景门

图6-1-24　清晖园六角门

图6-1-25　清晖园灰塑西式景门1

图6-1-26　清晖园灰塑西式景门2

图6-1-27　清晖园花瓶形景门

图6-1-28　清晖园花瓶形景门

图6-1-29　清晖园鱼尾形景门

图6-1-30　清晖园桃子形景门

三、漏窗

漏窗大多设置在园内的分隔墙上， 在廊道侧墙、转折处和半通透庭院的隔墙中较为多见。漏窗是具有装饰性的镂空窗体，在墙面窗洞镶嵌漏窗，可使墙两侧景观似隔非隔，似隐还现，具有丰富景观层次、增加景深的作用，在泄景、借景、对景、框景等造景手法中多有运用。

岭南园林中的漏窗源自江南园林，因其有利通风的实用性，十分适合本地夏季闷热潮湿、全年温暖的气候特点而应用广泛。对比江南园林的漏窗，岭南园林中的漏窗普遍窗洞更大、镂空更多、形式更简洁，使岭南园林给人以轻盈通透的印象（图6-1-31）。清朝时期受西方建筑的影响，结合本土釉面陶瓷技术的发展，出现了铁艺漏窗、陶瓷花砖结合等独具岭南特色的漏窗（图6-1-32）。

漏窗的构造由窗框与窗芯组成，漏窗不一定要有窗芯，只有窗框的漏窗更强调框景的作用或仅作为墙体的排气通风口。岭南园林中窗框以方形、多边形、圆形、扇形、海棠形等规则对称的几何形较为多见，也有寿桃形、芭蕉扇形、树叶形等不规则形状。窗框材质多为清水砖墙、砂浆抹灰或根据造型需要加以灰塑（图6-1-33～图6-1-35）。

图6-1-31　清晖园方形花窗

图6-1-32　清晖园铁艺琉璃瓦镶嵌花窗

有窗芯的漏窗，窗框一般为规则的几何形，工艺、纹样上追求简洁实用，造型以竖向几何线条、花砖镶嵌形式最为多见，极少见到图案繁复的灰石堆塑漏窗做法。

图6-1-34　清晖园树叶、水果形状花窗

图6-1-33　清晖园桃形灰塑花窗

图6-1-35　清晖园椭圆形花窗

漏窗窗芯装饰材料有瓦片、砖块、陶砖、釉面花砖、色釉栏杆、金属、玻璃等。用瓦片或条砖叠置而成的漏窗是最简易的，在中国传统园林和民居中使用非常普遍，常见的形式是用弧形的青瓦堆叠成纹样，比如鱼鳞纹、铜线纹等，条砖也有各种花式叠置，岭南地区一般保留砖瓦灰色或红色的原色，表面不进行抹灰、上漆。

用陶制镂空方砖的窗芯，使用时多块拼接镶嵌于方形窗框中，具有施工工艺简单、建造经济等优点，其中以颜色鲜亮的釉面花砖最具岭南特色。广东佛山石湾一带古代制陶业兴盛，明清时期建筑陶瓷产品生产进入鼎盛，生产的琉璃瓦脊、花窗、色釉栏杆等产品被广泛应用于岭南建筑和园林中。釉面花砖又叫琉璃花砖，在陶坯表面上加彩釉烧制而成，具有重量轻、颜色鲜亮的特点，常见图案有葵花纹、铜线纹、海棠纹等，复杂地结合陶塑工艺，有鱼、鸟、蜻蜓，还可按不同主题雕塑，如清晖园中清代石湾的“八仙法器图”漏窗，由9块通花蓝釉拼合而成，以八仙故事为题材。传统釉面颜色以青釉和蓝釉为主，传统的釉料一般采用稻草灰、桑枝灰、杂柴灰、谷壳灰等植物灰以及加入玻璃粉、塘泥而成。传统釉料烧制的产品，釉色浑厚，较有代表性是一种俗称为“冬瓜青”的青绿色釉面，至今仍在琉璃瓦、花窗、栏杆等各类装饰构件中广泛使用（图6-1-36、图6-1-37）。

图6-1-36　清晖园清代石湾八仙法器图漏窗

图6-1-37　清晖园动物主题琉璃瓦漏窗

色釉栏杆也是一种常见的釉面陶瓷砖漏窗窗芯，其与釉面花砖区别在于为色釉栏杆造型常为条状竹节砖，色彩也以与竹子相近的“冬瓜青”青绿色釉面为主（图6-1-38、图6-1-39）。

图6-1-38　清晖园的色釉栏杆漏窗

图6-1-39　可园的色釉栏杆漏窗

清朝时期受西方建筑影响，铸铁、套色玻璃等材料引入岭南地区，在广州、开平等地区出现铁艺漏窗窗芯，来自西方的铁艺、彩色玻璃等材料与本地的琉璃花砖组合而成的窗芯，体现了岭南园林多元融合的特质（图6-1-40～图6-1-44）。

图6-1-40　清晖园铁艺窗芯漏窗1

图6-1-41　清晖园铁艺窗芯漏窗2

图6-1-42　清晖园铁艺漏窗窗芯3

图6-1-43　清晖园铁艺窗芯4

图6-1-44　清晖园清代彩绘套色玻璃

石雕和砖雕漏窗更着重展现石雕工艺，位于视线交集的重要节点景墙上，面积通常不大，因石头的可塑性强，题材选择更为自由（图6-1-45）。

木制漏窗较少应用于室外空间，多见于建筑窗扇。连廊衔接处的门罩装饰、廊道柱间的花墙隔断，很多都是由木材镂空雕刻而成，起着和漏窗相类似的分隔空间功能（图6-1-46）。

图6-1-45　梁园石雕花窗

图6-1-46　余荫山房木雕门罩

四、匾额楹联

图6-1-47　可园园门

岭南传统园林中，匾额与楹联起着标志、点景等作用，首要任务是“传情达意、画龙点睛”。匾额多为实用功能，位置一般在建筑或庭院入口门楣上方，赋予建筑或者庭院一个名称，说明用途和方位，起标志作用。

楹联题写位置位于楹柱或门框两侧。楹联匾额内容可以不加装裱，直接雕刻于建筑石质门框上，或雕刻在青砖或石板上再进行镶嵌。雕刻于木板、竹板的匾额楹联因有防腐需求，多用在有屋檐挡雨的景门和室内（图6-1-47～图6-1-52）。

图6-1-48　可园小门

图6-1-49　清晖园绿云深处楹联

图6-1-50　可园对联：“可赏可泛可登，随人而可；园花园湖园阁，集美成园”

图6-1-51　余荫山房竹质楹联

图6-1-52　清晖园正门的木质匾额楹联

灰塑楹联匾额则更具乡土特色，其文字衬底常以植物枝叶、瓜果等为造型元素或模仿书画卷轴做衬底，其细部精致、寓意吉祥：缠枝瓜果图案比喻子孙昌盛；荔枝、龙眼、葡萄果实都是圆形的，“圆”谐音“元”寓意“连中三元”；芭蕉叶子大，“叶”谐音“业”寓意“大业”。这些色彩艳丽、喜庆活泼的楹联，充满岭南文化的民俗审美趣味（图6-1-53～图6-1-58）。

图6-1-53　清晖园竹苑楹联

图6-1-54　余荫山房灰塑芭蕉图案对联

图6-1-55　清晖园的灰塑楹联

图6-1-56　清晖园灰塑楹联2

图6-1-57　清晖园灰塑楹联3

图6-1-58　余荫山房的灰塑楹联

五、园林铺地

铺地是对岭南传统园林的园路、空地表面的装饰，有美化地面、限定空间、引导路线的功能。岭南传统园林的许多园路、平台空地形状较为方正，常见铺地材料以石、砖为主，讲求实用性，风格朴实，不追求繁复纹样。园林铺地属于室外铺地，与室内铺地有着较大区别，要求防滑和透水。

园林铺地形式常采用条石铺地、青砖铺地、印花方砖铺地、碎石碎砖铺地和花街铺地等多种形式。

条石铺地：由长短不一的长条形石块，按照统一方向铺设而成。这是岭南园林中最常见的铺装样式，常应用在出入口、主要园路等关键部位。石材一般选用质地坚硬的花岗岩，其中以表面带红黑斑点的麻石最佳，石块较厚，厚度往往大于10公分，表面粗糙不易打滑，铺设后坚固耐用（图6-1-59）。也有园路选用岭南地区出产的特色石材红砂岩作为条石石料（图6-1-60），用其赭红色的色彩装点园路，但红砂岩硬度较低，耐久性不如花岗岩。

图6-1-59 沙湾古镇的麻石铺地

图6-1-60 可园的红砂岩铺地

青砖铺地：以同样尺寸的青砖作为铺地材料，按照一定的规则有序地的铺砌而成。有工字铺、人字铺、席纹铺、间方纹、鱼骨纹、斗纹等铺法，青砖质地较松，不宜承重过大，在建筑边缘或条石周边小面积铺地中较为常见。铺设时要先固定好道牙，排砖要求长头的扁平面朝上，相互垂直拼接，以增强地面的耐磨性（图6-1-61、图6-1-62）。

图6-1-61　清晖园间方纹与条石组合铺设

图6-1-62　高要八卦村的青砖席纹铺

印花方砖：印花方砖是一种用黏土烧制的陶砖，在岭南地区的应用历史悠久，在西汉早期南越国的宫殿遗址出土的印花砖，大小和形式和今天在岭南园林中常见的印花方砖并无巨大差别。在陶砖表面印花，可以起到防滑的作用，花纹图案在木制模板上雕刻好印在陶砖表面后烧制，一般花纹为阳纹，可以是植物或者一些吉祥纹饰，也有印上文字标记信息，如清晖园的方砖四角印着“清晖园制”（图6-1-63～图6-1-66）。印花方砖一般应用在休息平台等开敞的室外空间，陶砖透气性较好，但在荫蔽潮湿的环境容易生藓。

图6-1-63　清晖园的陶制方砖纹样1

图6-1-64　清晖园的陶制方砖纹样2

图6-1-65　清晖园的陶制方砖纹样3

图6-1-66　可园陶制方砖铺地

碎石碎砖铺地：以碎石、碎砖作为面层的一种铺地形式，比起江南地区鹅卵石铺地和花街铺地，优点是表面平整、不易积水。碎砖颜色对比强烈，纹样图案大多较为朴素。（图6-1-67、图6-1-68）

图6-1-67　余荫山房的碎砖铺地

图6-1-68　余荫山房的碎石铺地

花街铺地：是指地面用卵石、瓦片、碎砖及碎石等材料组成不同图案的铺地，传统花纹有海棠芝花纹、万字纹、冰裂纹、十字梅花纹等。岭南园林中花街铺地并不普遍（图6-1-69～图6-1-71）。

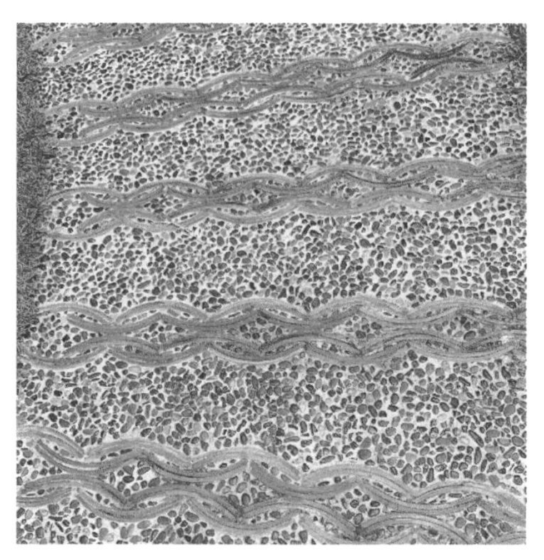
图6-1-69　和园的花街铺地1

图6-1-70　和园的花街铺地2

六、栏杆

图6-1-71　和园的花街铺地3

栏杆，也叫作“构阑”“构栏”，是亭、台、楼、廊等建筑物边沿处的障碍物，除了起防护等功能之外，还可点缀装饰园林环境，丰富园林景致。传统建筑亭廊较常用木质栏杆，后来又发展出石、砖、琉璃、金属等材质。砖砌矮墙栏杆是最有岭南地方特色的一种形式，在建筑物的阳台、池边临水处很常见。这种栏杆墙身用青砖砌筑，与周边建筑相协调，顶部用大红阶砖压顶，栏杆中部用绿色或蓝色的琉璃花窗或琉璃栅格的栏杆镂空装饰，红绿撞色的点缀体现着岭南民俗风情。这种略显厚重的栏杆，高度可以根据不同场所需要调整，高可置物，低可坐人，还起着分隔空间、引导路线的作用，颇为实用百搭，在岭南古典园林中许多树池、花池、水池壁、盆栽架、矮墙、扶手等都采用这种形式（图6-1-72～图6-1-82）。

图6-1-72 可园水边的砖砌栏杆　　图6-1-73 可园的阳台栏杆

图6-1-74 可园水边的砖砌栏杆2

图6-1-75 余荫山房的木质栏杆

图6-1-76 清晖园六角亭的木质美人靠

图6-1-77 清晖园的栏杆

图6-1-78 余荫山房小桥上的镂空栏杆

图6-1-79 余荫山房的置物栏杆

图6-1-80 余荫山房的栏杆

图6-1-81 余荫山房的栏杆

图6-1-82 岭南顾村周边的镂空陶瓦栏杆

七、花坛和树池

岭南传统园林中，常见青砖砌成的几何形花池和树池，形状以圆形、四边形、六边形、八边形居多，花池壁做法同砖砌栏杆（图6-1-83～6-1-86）。另一种有地域特色的树池，是用青砖砌筑成方形花盆的式样，池壁表面用鲜亮的青、绿、红、黄等颜色的灰塑绘制花鸟等主题纹样，这种种植大型植物的“大花盆”与园中种植盆景植物的“小花盆”相映成趣（图6-1-87、图6-1-88）。

图6-1-83　清晖园的水池

图6-1-84　可园的圆形树池

图6-1-85　清晖园的方形花池

图6-1-86　可园的树池1

图6-1-87　可园的树池2

图6-1-88　清晖园的灰塑花池

第二节 植物配置

岭南属于亚热带地区，植物种类丰富，气候温暖湿润，雨季较长且雨量充足，具有丰富的观赏植物资源。岭南地区人们在长期的造景实践过程中，总结形成了多层次、风格秀雅且精致的植物配置手法。

植物配置，是指在栽植植物过程中，注重其自身的生长适应性和生活习性，建立多层次植物群，关注植物与植物之间相互作用，进行整体性的设计，通过艺术性的表现手法与周围环境融为一体，突出园林主题。

一、岭南传统园林植物的类型

岭南园林植物多姿多彩，可雅、可俗、可淡、可艳，具有明显的地域性特征。岭南传统园林植物分为两大类型：文艺性花木和功能性花木。

1. 文艺性花木

园林植物是园林景观的重要组成部分，也是园林表现的重要素材。通过园林植物的文化内涵和造景艺术效果，不仅可以美观环境，更能体现园林景观所表达的独特主题。

在园林的植物配置中，植物不但可以改善园林的小气候、美化环境，也可以对园林的文化内涵起到很重要的作用。表现崇高品格的花木能够体现主人的品德性情和感情寄托；而雅趣型的植物则丰富了文人墨客的文化生活，吟诗唱和，以花会友；寓意吉祥的花木则表达主人对未来美好生活的向往和对子孙后代的谆谆教导；观赏型果木既可以供家人朋友品尝新鲜佳果，也可以提供游园乐趣。

（1）表现崇高品格的花木

此类型植物一般是园子主人通过“托物言志”体现自己的独特品格或者寄托

园主的高尚情怀，在园子里种植也可对其后代进行潜移默化的教育。例如，柳树是寄托别离之情的植物，世人以“折柳”形容送别之意。余荫山房虹桥之侧，有株垂柳沿岸边而列，站在玲珑水榭中推窗而望，柳条随风摇曳，树影婆娑，锦鳞游泳，好一番别致景色。清晖园澄漪亭侧，荷池之畔，垂柳、串钱柳、沙柳间植，为河面带来阵阵清幽（图6-2-1～图6-2-2）。

图6-2-1 余荫山房虹桥卧波（柳树）

图6-2-2 清晖园澄漪亭（垂柳、串钱柳和沙柳）

表现崇高品格的岭南花木比较多，如松、柏、梅花、桂花、莲花、竹、兰、菊、木棉等（图6-2-3、图6-2-4）。

图6-2-3 余荫山房夹墙翠竹的竹子

图6-2-4 余荫山房玲珑水榭旁桂花

（2）营造雅趣之景的花木

此类型植物通常用于园子主人与友人相聚一起游赏唱和之用，主人根据自己的喜好种植一些在不同季节季相变化丰富的花木，用于观赏、吟诵、雅集，营造一种闲情雅趣的高雅氛围。如牡丹、芍药、木芙蓉、扶桑、木槿、合欢、杜鹃、桃、灯笼花等都为营造雅趣之景的花木。

扶桑又名朱槿，原产我国南部，常年都开花。传说扶桑生自东海日出之处，它的叶子像桑叶，而且两棵树往往同生互相依倚着，所以被人称之为扶桑。在寺庙中也称其为“佛桑”，作为佛之圣花之一。传说日出于扶桑之下，拂其树梢而升，因谓为日出处（图6-2-5）。

图6-2-5　扶桑（梁园）

（3）寓意吉祥的花木

中华历史文化源远流长，自古以来人们都对未来充满美好期望，岭南人民常常借助造园等方式祈求国泰民安、富贵吉祥；在现今的文化背景下，岭南人深信风水之说的现象依然普遍存在。岭南人民在造园过程中，人们常常通过植物的风水文化进行植物造景，表达主人对未来美好生活的向往或者独特的祈求。寓意吉祥的花木常有石榴、杨桃、龙眼、玉堂春、榕树等。余荫山房的北部是均安堂祖祠，均安堂门外是两株酸杨桃树，与堂内的龙眼树、紫荆花树组成“子孙成龙”的寓意，表示园主人希望其子孙后代都能继承先祖的余荫，永远昌盛繁荣（图6-2-6）。清晖园狮山后面有一株树龄160多年的龙眼树，曾被强台风吹断，只剩下一米多树干，后经园主精心养护，使它重新发芽，现在每年都开花结果，被人们誉为“枯木逢春”，龙眼也常常被视为吉祥、团圆和美好的象征（图6-2-7）。

图6-2-6　余荫山房均安堂前两侧的杨桃树

图6-2-7　清晖园龙眼古树

（4）观赏型果木

岭南地区果木资源丰富，人们常常在园林中种植许多果木，果木不仅可以欣赏，也可以收获果实，在果实成熟的季节，人们在树荫下品尝新鲜的佳果，非常惬意。观赏型果木包括芒果、蒲桃、龙眼、枇杷树、荔枝、椰树、菠萝蜜、石榴等。果木一方面为园林提供了绿荫，同时也为家人朋友相聚提供了新鲜的果品，增添了游园之趣（图6-2-8～图6-2-11）。

图6-2-8　枇杷树（清晖园）

图6-2-9　菠萝蜜（清晖园）

图6-2-10　杨桃树（清晖园）

图6-2-11　芒果树（清晖园）

2. 功能性花木

岭南人们常常在园子里种植功能性花木，具有如绘画对象、凉茶药材、驱虫杀菌、遮阳避暑等方面使用性功能，同时也有观赏、托物言志等功能。

（1）绘画对象

岭南人热爱写生，写生是岭南画派的关键，岭南园林庭院通常作为岭南高人雅士的写生场所，花木鱼鸟等常常是写生绘画的对象，花木通常则作为绘画静物对象（图6-2-12、图6-2-13）。

图6-2-12　苹婆（余荫山房玲珑水榭旁）

图6-2-13　柳树（清晖园澄漪亭旁）

（2）凉茶药材

岭南地区湿热，水质燥热，身体易“聚火”，因此岭南人从小都有喝凉茶和煲汤的习惯，注意养生和祛湿。古时岭南庭院中常常种植菊花、薄荷叶、红背桂、鱼腥草、栀子等可简单药用的植物花木，方便日常食用或饮用（图6-2-14）。

图6-2-14　红背桂（梁园）

（3）驱虫杀菌效果

岭南气候湿热，蚊虫较多，古时岭南人民就发现一些植物的分泌物能够驱虫、杀菌和净化空气，保护人们的健康，所以经常在庭院种植具有驱虫杀菌的植物，如松树分泌的植物杀菌素就能杀死白喉、痢疾、结核病的病原微生物；香樟树的树叶、枝和果实都能发出这种清香“樟脑气味”，这种清香会永久保持，具有驱虫、防虫杀菌的功能。岭南园林常种的植物，如罗汉松、苏铁、香樟、槟榔等，都具有驱虫杀菌的作用（图6-2-15、图6-2-16）。

图6-2-15　苏铁（可园）

图6-2-16　槟榔（可园）

（4）遮阴避暑效果

岭南地区夏季炎热，需要防暑降温，岭南人民在造园实践中，一方面采用建筑的高墙冷巷、连廊、亭子等进行遮阳，另一方面也常常种植大型乔木用于户外遮阴避暑，同时也可与家人朋友在大乔木树下纳凉休息、谈天说地与嬉戏玩耍等，营造一种和谐的家庭生活氛围（图6-2-17、图6-2-18）。

图6-2-17　粤晖园大榕树

图6-2-18　清晖园芒果树

二、岭南传统园林植物配置特点

1. 岭南传统园林实用与绚丽并存的植物配置风格

岭南传统园林植物配置风格特征表现为三个方面：一是岭南地区属于高温多雨的亚热带湿热气候，四季如春，植物种类丰富、特色鲜明，造园时多选用本土植物；二是岭南文化实用、开放、包容、活跃，属于中西文化的交汇点，植物配置风格中西并蓄，形成了岭南独具特色的植物配置方式；三是岭南园林建筑、叠山、理水、植物配置四位一体，互相依存，是岭南庭园植物配置艺术特征。

（1）重利实惠的植物配置理念

由来已久的商业活动形成了岭南地区重利实惠的社会风尚，人们关心的是事物的实际效用而不是表面上不切实际的东西。这种思想渗透到园林活动中，使各种造园理念和实践根植于现实生活，以实用为度。重利实惠的植物配置包含：历代造园的实用价值倾向；花卉果林产业对园林植物配置的影响；遮阴植物对园林的影响。

（2）繁杂纷呈、玲珑剔透的配置艺术

岭南传统园林的植物配置讲求立体感、层次感，岭南园林的植物品种繁多、繁杂纷呈，多呈点簇式栽种，造园时根据不同空间环境、不同栽植面积，配置不同形态乔木、灌木、草本等，以增加空间层次和垂直绿化空间面积，达到轮廓起伏，层次变换的效果。如东莞可园、番禺余荫山房的植物配置都是充分利用了岭南丰富的植物资源，在平面空间和竖向空间上杂栽处理，在选择花色、叶色的四季变化、材料搭配方面精心组织，给人以空间多变、主次分明、疏密有致、繁杂纷呈的丰富感（图6-2-19）。

图6-2-19　可园鸟瞰图

2. 岭南传统园林中“风水”功能营造的植物景观配置风格

岭南传统园林造园时，通常会对庭园采光、通风、雨水和水池等环境的营造，以满足人们对生活和情感的需要，这也就是人们常讲的所谓“风水”。岭南传统园林通常占地面积较小，但常常在庭园内栽植繁杂纷陈的植物，需要解决内庭空间较少与植物茂密之间的矛盾，同时也要考虑气流、光照、门窗和视觉等因素。如清晖园、余荫山房和可园等在东面或东南面墙皆采用漏窗形式顺应院外气流，将气流合理引入园内，在上风口处，巧妙地栽植香花类植物等配置方法，在园中水池栽植亲水类植物等，因地制宜地将庭园中各处景观区分布不同类的植物（图6-2-20、图6-2-21）。

图6-2-20　漏窗（清晖园）

图6-2-21　漏窗（清晖园）

3. 岭南传统园林微缩式植物景观配置风格

岭南传统园林与居住建筑联系密切，园子空间相对较小，具有庭园的性质。在植物配置时，通常采用障景、对景、框景等手法，对园子空间进行分隔和造景，与建筑、假山、水池等一起构成微缩式景观，可减弱建筑的生硬效果，以达到“庭阁参差半有无，溪云浦树隐模糊”的古典园林艺术意境。岭南园林常采用花台、花基、绿篱、绿廊等多种配置方式，丰富空间的层次和增加绿化面积。庭园中多处都显示出增加植物景观的立体感，但由于场地空间有限，于是通过如框景、抬高、假山洞等锁定这些微缩的片段式植物景观（图6-2-22）。

图6-2-22　和园植物景观（顺德）

三、岭南古典园林植物的配置方式

1. 规则式配置

规则式配置是指选择规格基本一致的同种树或多种树木，排列成整齐对称的几何图形的配置方式。规则式配置一般要求中轴对称，株距固定，同相可反复连续。规则式配置有以下两种主要方式：

（1）辐射对称布置

辐射对称配置包括中心式配置、环式配置、多角式配置和多边形配置等。由于岭南园林占地面积较小，较少出现此类配置方式，可在部分寺庙园林中偶尔出现（图6-2-23）。

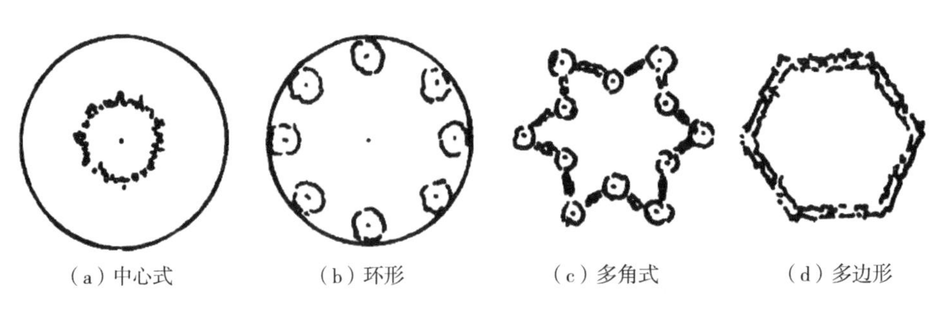

图6-2-23　辐射对称配置（图片来源：庄雪影《园林树木学》）

（2）左右对称配置

左右对称配置包括对植、列植和三角式配置。岭南古典园林最常见的植物配置方式是对植式，即用同种两株或同类两丛基本一致的植物，按照中轴线左右对称栽植，如清晖园六角亭两侧对称种植水松（图6-2-24、图6-2-25）。

图6-2-24　两棵水松对称种植（清晖园六角亭两侧）

图6-2-25　两棵榆树对称种植（余荫山房深柳堂前）

2. 自然式配置

（1）孤植

在自然式园林绿地上栽植孤立木叫孤植，岭南园林采用孤植方式时，常常与花基结合，利于植物种植和防止水土流失，花基也起到装饰作用，同时强化孤植

图6-2-26 孤植（余荫山房玲珑水榭旁腊梅）

图6-2-27 孤植（余荫山房深柳堂前炮仗花）

花木（图6-2-26、图6-2-27）。

（2）点簇式

点簇式配置是为了体现岭南植物的多元化和绚丽多彩，将各种不同花木不规则、不规整的种植在一起，由乔木（含果树）、灌木、花草、盆景、植被等花叶色彩艳丽的植物形成有机搭配，营造出郁郁葱葱、花团锦簇的景象。点簇式种植是岭南传统园林植物配置的一大特色（图6-2-28、图6-2-29）。

图6-2-28 点簇式（梁园半边亭前）

图6-2-29 点簇式（梁园群星草堂旁）

（3）丛植

丛植是指2株以上至10株以下同种或异种树木较为紧密地栽植在一起的配置方式（图6-2-30、图6-2-31）。

图6-2-30　丛植（梁园寒香馆蜡梅树）

图6-2-31　丛植（可园竹子）

（4）群植（树群）

群植（树群）是用十多株至百株树木配置成小面积的人工植物群落，是岭南园林常用的植物配置手法。群植主要展现植物景观的整体美感，由于树木株数较多，整体的组织结构较密实，各植物体间有明显的相互作用，群植可以形成小气候小环境。群植既要追求艺术搭配，又讲究技术手法解决通风采光、遮阴避雨等问题（图6-2-32、图6-2-33）。

图6-2-32　群植（惠州古树园水松）

图6-2-33　群植（清晖园桂花树）

（5）林植

林植是指种植面积更大的自然式人工林。配置方式又分为两类，一是行列式，二是树丛式。古人为求模仿山林之效果，常把植物的行列式与建筑墙体结合配置，或傍岸临水种植，或苑道配植等多种以小见大之形式（图6-2-34、图6-2-35）。

图6-2-34　林植（粤晖园河道）

图6-2-35　林植（清晖园苑道）

（6）散点植

散点植是指单株或单丛在一定面积上几近均匀散布种植。每个散点不如孤植那么强调个体美或庇荫功能。散点植手法与点簇式手法相近，散点植布置均匀，点簇式随机布置（图6-2-36、图6-2-37）。

图6-2-36　散点植（清晖园桂花树）

图6-2-37　散点植（清晖园龙眼等）

3. 混合式配置

同一园林中，将规则式配置和自然式配置混合使用称为混合式配置。在地势平坦的地方采用规则式配置，地势相对复杂的地方采用自然式配置；距离建筑物近处多采用规则式配置，距离建筑物远处多采用自然式配置等。岭南植

图6-2-38　可园荷花池混合式配置

物配置通常比较少采用混合式配置，只有在复杂地形或景观过渡时会适当采用（图6-2-38）。

4. 室内造景配置

室内植物造景是园主将自然植物景观引入建筑室内，让室内居住空间感到舒适和美观。一种方式是对自然植物景观进行微缩，设置于室内，在室内营造所需的园林意境；另一种方式则是在室内设置岭南盆景，通过盆景、植物、假山、水池等组合一起，形成园主人所追求的意境。如广州白天鹅宾馆的“故乡水”，就在室内建设一个完整的园林景观，不仅有植物，还有假山有瀑布水池等等元素，营造了园林室内化的新型园林景观（图6-2-39、图6-2-40）。

四、岭南古典园林植物的盆景技法

岭南现存古典园林的庭院面积较小，注重立面层次上的植物搭配，才能让植物配景更为多样，盆景作为岭南植物景观元素之一，园主常常花费大量时间和精力去悉心照顾其寄托感情和精神的盆景。

图6-2-39　广州白天鹅宾馆“故乡水”

图6-2-40　顺德和园室内园林景观

盆景是以植物和山石为基本材料，通过人为加工，将大自然的一部分浓缩于盆儿之间，供人观赏娱情的一类艺术。它源于自然，又高于自然，是自然美和艺术美的有机结合。

岭南盆景可分为树桩盆景、石山盆景和山水盆景等三类。岭南树桩盆景一般就地取材，选用亚热带和热带常绿细叶树种，一般以广州人称之为“树仔头”的树桩为主，其品种多达30余种，如九里香（月橘）、榕树、福建茶、水松、龙柏、榆树、满天星、黄杨、罗汉松、簕杜鹃、雀梅、山橘、相思树等。岭南石山盆景的材料是英石、方解石、珊瑚石、砂积石

图6-2-41　余荫山房石山盆景

等，其中英石是广东英德的特产，具有皱、瘦、透的特点，故多被石山盆景制作选用（图6-2-41）。

岭南盆景的构图形式有单干大树型，或双干式、悬崖式、水影式、一头多干式、附石式和合植式等。

1. 岭南盆景的风格特色

岭南盆景的风格特色是师法自然，虽由人作却宛若天成，或苍劲雄浑，或潇洒飘逸，形态多式多样，可谓千姿百态，极具观赏性。

（1）雄伟苍劲

岭南盆景造型的最大特色是苍劲古朴兼具有天然野生的形态美。它取自自然素材，讲究自然生长，经过精心培育和艺术加工达到自然美和人工美的结合。此类盆景从头到枝干需要树形优美，分布均匀，神韵有致，刚劲有力，要能够显示出盆树的骨干苍劲和枝托间的流畅自然（图6-2-42）。

图6-2-42　雄伟苍劲盆景（罗汉松）

（2）截干蓄枝

截干蓄枝是岭南盆景的主要手法。所谓截干蓄枝，就是将所栽植盆树的主干按造型需要截断后，待其长出的横丫比主干稍细时，便将横丫留下三厘米多长，多余部分减去，如此反复进行。每修剪出三厘米枝条，得耗时一至两年时间，要修剪出一盆枝繁叶茂的精致盆景，需要个十到二十年工夫，所谓“一寸枝条生数载，佳景方成已十秋”（图6-2-43）。

图6-2-43 截干蓄枝盆景（九里香）

（3）分段培育

此情况相对今日而言，即为“美容”，盆景以“病态”为美，用分段培育进行艺术整形，是岭南派盆景的主要培育手法。树桩盆景的主要素材是树木，要培育出一盆矮化和艺术化的变态古树，要把树桩营养生长过程分为促进阶段和抑制阶段（图6-2-44）。

图6-2-44 分段培育盆景（雀梅）

（4）天然野趣

岭南派盆景的创作思想，以师法自然为前提，借鉴大自然中树木的千姿百态，不拘一格，不受任何城市所限，而以形、神兼备为主要条件（图6-2-45）。

图6-2-45 天然野趣盆景（附石山桔）

2. 岭南派盆景的植物素材

广东地处亚热带，植物资源丰富，从古至今制作盆景的常用树种有一百多种，其中可分为三类：赏叶、赏花、赏果。

（1）赏叶型：九里香、榆树、雀梅、细叶榕、福建茶、相思、槭树、黄杨、榉树、山橘、枸骨、真柏、五针松、罗汉松、金钱松、黑松、赤松、南天竹、佛肚竹等。

（2）赏花型：杜鹃、木棉树、紫薇、紫荆、桂花、梅花、报春花、枫树、水栀子、贴梗海棠、满天星、瑞香、忍冬等。

（3）赏果型：银杏、石榴、红果树、火棘、枸杞、羊角藤等。

以上三种分类，并不是绝对的，有的树种既可赏花，又可赏叶，有的树种则三者俱美，如细叶福建茶和九里香。

3. 岭南盆景制作工艺

岭南盆景制作工艺流程分为选桩、截干、蓄枝，树桩盆景的关键是要选择适合制作意图的树形，在制作岭南盆景过程中，必须注意鉴别树形、酝酿构图、挑选良干、梳整根系、精心培植，其目的是将盆景的意境表达出来。

（1）选桩（选材）

选桩也包含立意选桩，是在众多的树桩中挑选符合盆景造型形式的，或者是具有异态美的特别怪异的桩材。立意是确定作品的制作主题，立意分因材立意和因意选材两种。因材立意是依据材的个性、态势、特征、气质确定今后作品的主题，赋予其人格化、艺术化的生命力。因意选材是确定了作品的制作主题后，选取适合表现主题的桩材进行制作。

（2）构图（构思）

构图是盆景艺术处理的开始，主要是对桩材实形构图。树桩虽形态各异，但基本都是自然生长，加工时要顺其自然，保持原貌，不牵强改造。制作树桩盆景时，首先要区别树种、判别树形、认真研究，在图纸上画出草图，形成构思，然后按照构思裁剪。

（3）截干蓄枝（制作）

岭南盆景是以截干蓄枝为主要制作技法，截干就是采用侧枝作主干，把原来的主干在选定部位截弃，使干、枝逐级收尖，过渡自然，产生曲折、变化，表现出枝干的力度美和节奏韵律美。蓄枝就是积蓄新培的枝条。截干蓄枝技法就是岭南盆景枝法。

枝法就是枝托的制作章法。枝法服从于造型，造型在因材施艺的同时，应首先考虑树种特有的树性自然特征，不同树种的特性各有特色。比如榕树的自然特征就是古朴苍茫，应以表现其根、皮特色及古韵为主，如做成高干寒枝，就可能不如人意。

枝托基本都呈脉络状生长，其制作就是要以脉络的形式表现线条美感，做到枝脉线条流畅，每一枝托都有主脉（图6-2-46）、次脉（一级分枝，图6-2-47）、细脉（多级分枝，图6-2-48）、小枝横角（枝梢，图6-2-49），并逐级延伸分布。

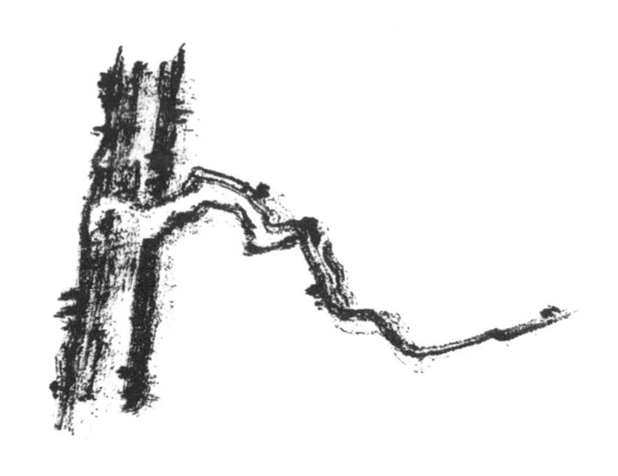

图6-2-46　主脉（主枝）

图6-2-47　次脉（一级分枝）

图6-2-48　细脉（多级分枝）

图6-2-49　小枝横角（多级分枝）

枝托脉络要求清晰通透，除枝梢横角外，每一级分枝都可自成脉络，互不交叉阻塞，各行其道。所有枝托大大小小的脉络有机组成树木的整体架构，而每一个脉络又是一个独立的局部架构，分离出来就是一株完整的小树。

枝托的枝形和布局服从整体造型布局的要求， 不同树型的枝托有不同的表现形式，比较常见的枝形有：

鸡爪枝（图6-2-50），其枝形有序，密而不繁，刚劲节曲， 枝节相对粗短，主次脉夹角较大，形似鸡爪，显得苍劲老辣，雄伟古朴的树型多用这一枝形。

鹿角枝（图6-2-51），其枝形与鸡爪枝相似，但节间相对较长，夹角较小，形似鹿角，显得强劲而又矫健轻盈，常配合雄伟挺秀的大树型。

图6-2-50　鸡爪枝

飘枝（图6-2-52），飘枝多为造型中最长的枝托，其主脉清晰，曲屈而流畅，出托后略向下延伸飘长，枝形苍劲舒展，潇洒飘逸，可增加动感，多与气势雄伟的大树型配合，平伸较长的飘枝称大飘枝，动感更强，并常用于斜干树型逆向平衡树势，俗称拖枝。

图6-2-51　鹿角枝

图6-2-52　飘枝

跌枝（图6-2-53），动感强烈，表现险峻的特写枝形，出托位置偏高，经短促第一节过渡后，以锐角向下跌宕，有折断下跌之感，其枝形跌势骤急，流畅奔放，常配合高耸飘斜或大写意的树形。

垂枝（图6-2-54），垂枝是一种下垂的枝形，垂柳式造型的垂枝自然柔顺，妩媚轻盈（图6-2-55），而藤蔓式造型的垂枝则比较粗放，兼有动感和力感（图6-2-56）。

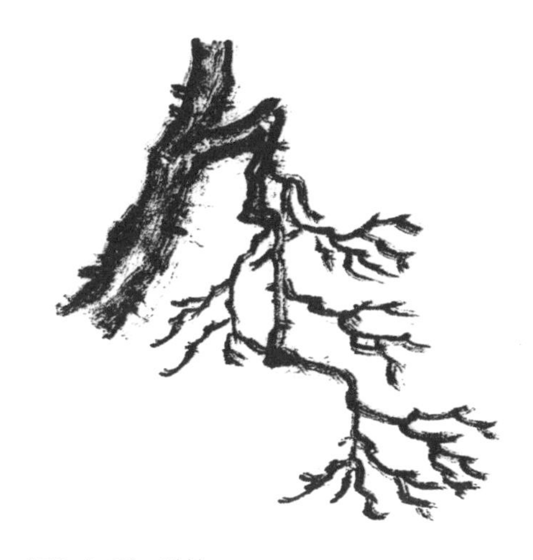

图6-2-53　跌枝

图6-2-54　垂枝

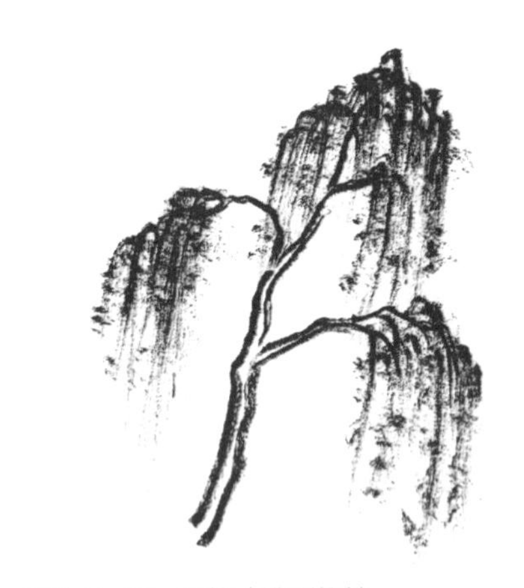

图6-2-55　垂柳式造型柳枝

图6-2-56　藤蔓式造型的垂枝

风吹枝（图6-2-57），风吹枝是表现风吹树木动势的特写枝形，所有受风枝条受风力劲吹，均弯曲后向顺风方向横飘，形成一种强烈的动感。

此外，还有平展枝（图6-2-58）、风车枝、蟹爪枝、回旋枝、舍利枝、点枝以及传统的云片枝等。

图6-2-57　风吹枝

图6-2-58　平展枝

当前，习惯上还存在一种自然枝法。实际上，顾名思义，自然枝就是顺乎树木自然生长的枝条。从广义上说，以上所述枝形，都是以自然界树木为蓝本提炼出来的不同枝形，都属于自然枝的范畴，但按笔者理解，现行的一些自然枝，其形态比较接近鹿角枝，只是没有较具体的要求和过多修饰，但求自然清晰而流畅，是一种清新秀雅的枝形，可配合多种自然飘逸的造型形式，而某些全无章法任由生长的枝条，则无枝法可言。

（4）养护

岭南盆景主要通过修剪让植物按照园主人的构思和设想进行生长，人工加工的痕迹也逐渐消失，宛若天成，一件成熟的盆景作品需要5～30年才可以完成。岭南地区日光充裕，气候湿润，植物生长快，往往盆景修剪后不到半个月，就长出新的叶子，失去原有的艺术效果。因此让成熟的岭南盆景长年保持良好的观赏效果，要把握好控、剪、防、换四个关键。

①控水控肥。成熟的岭南盆景需要一定的水分，但不需要很多肥。控水要根据天气情况、盆泥的干湿度而定；成熟的盆景不需要长得太快，更不需要长粗枝、壮枝，能保持好叶色，保证枝株能正常生长就行，每年施2～3次肥即可。

②剪枝摘芽。岭南盆景非常讲究层次、通透，更要显露出枝干的脉络，所以要对过长的枝叶及时修剪，使盆景始终保持好的形态。岭南盆景在脱衣换锦后发新芽时，要及时摘去多余的芽苞，以免将来越长越多，枝叶越长越密，破坏了观赏效果。

③防虫灭虫。岭南盆景枝叶繁茂，容易长虫，树干经常被虫蛀，叶片经常被虫食，不但影响观赏效果，而且影响植株生长。对病虫害防治，一般在春夏之交、入冬前应喷药，进行预防。如果发现病虫害，应该每隔一周进行喷杀，直到把病虫害杀死为止。

④翻盆换土。翻盆换土应根据不同树种、不同季节、不同盆泥而定。成熟的岭南盆景根系比较发达，发育健全、细根多而粗根少，如果经常翻盆换土，会导致植株生长过快而影响观赏效果。一般情况下，杂木类盆景可两至三年换一次土，松柏类盆景可五至七年或者更长的时间换一次土。

五、岭南园林的植物现状特点

1. 能遮阴防晒的观叶的榕属植物

岭南地区常年最低气温一般不会低于零度，是榕属类植物生长的天堂。此类植物冠大浓荫，气根发达，遮阴防晒，增湿降温。除了种植于外景外，榕属类植物也可以成为室内的一道靓丽风景线。金钱榕、黑金刚等经过培育美化形成盆景摆放室内，显得美观大方，还可净化空气，并能给人传递自然亲切的感觉。榕属类植物美观价值和技艺实际价值都很大，在岭南地区生长良好，是营造岭南园林的主要树种之一（图6-2-59）。

图6-2-59 梁园荷香水榭旁的两棵榕树

2. 特色棕榈植物景观

棕榈科植物是岭南地区最富特色的植物树种之一，其特有的直立高耸的树干及大片、飘逸的叶片，潇洒舒展，热情奔放。在岭南地区的公园绿地，棕榈科植物应用形式主要有以下几种：A. 列植道路两旁当作行道树，如广州流花湖公园、佛山中山公园葵堤；B. 丛植点缀构成主要节点的景观；C. 群植成片林景观；D. 三两株与园石、丛状地被构成小品式的景观；E. 于湖中岛与其他植物相互结合配置。

3. 丰富多彩的灌木与草花

岭南园林四季如春，多灌木与草花，按照配置处理手法的不同，这些地被形成的植物景观通常有两种：一是林下的自然式地被植物景观，这些植物都极为耐阴，覆盖能力强而且生长旺盛，常用的种类有艳山姜、紫背竹芋、大叶仙茅、朱燕属、一叶兰、文殊兰、蜘蛛兰、冷水花，及藤蔓性的绿萝、麒麟叶、龟背竹、春羽、蔓绿绒等。这些植物的广泛应用，体现了极强的地域性特色。二是装饰性的几何图案地被植物景观，它运用耐修剪的观叶或观花灌木，配合色彩鲜艳的观叶地被植物或时令性草花，形成曲线型大色块、或多色混交的复杂图案，通过植物鲜艳的叶色或花色之间的相互对比形成强烈的视觉冲击，达到一种绚丽斑斓的装饰性效果（图6-2-60）。

图6-2-60 和园丰富多彩的花木景观

4. 多样的滨水植物景观

“虽有人作，宛自天开”，在岭南园林景观中经常可见与水伴生的各种耐水湿植物，形成富有特色的滨水植物景观。池杉、水松、落羽松等植物具有屈膝状的呼吸根，这类植物成排种植于水边，形态各异又整齐统一，再加上季节变化形成的变叶、落叶等季相变化，形成了岭南植物景观中的又一特色。榕属植物栽植在水边，其厚重、圆浑的树冠与平静、广阔的水面结合在一起显得稳重而安宁。除此之外，其他耐水湿的阔叶树种也不少，如蒲桃、洋蒲桃、水翁、水石榕、白千层、串钱柳、柳树、鸡蛋花等，由于各有不同的形态特征及观赏特性形成的相异景观，丰富了滨水植物景观的类型。岭南荫生而耐水湿的草本地

图6-2-61 梁园水松堤的水松

被类植物也不少，如龟背竹、春羽、海竿等热带阴生植物，而种植膨蝶菊、紫花马缨丹等的固土护坡景观，也体现了滨水植物景观的多样性（图6-2-61、图6-2-62）。

图6-2-62　和园滨水植物景观

参考文献

[1] 李晓雪，高宏伟．壶中九华——英石假山技艺匠作口述实录与研究［M］．南京：东南大学出版社，2020.

[2] 郭晓敏，刘光辉，王河．岭南传统建筑技艺［M］．北京：中国建筑工业出版社，2018.

[3] 李晓雪．基于传统造园技艺的岭南园林保护传承研究［D］．广州：华南理工大学，2016.

[4] 杨发．岭南古典园林的植物景观配置研究［D］．广州：华南理工大学，2014.

[5] 程万里．中国古建筑的形式与施工程序［J］．建筑工人，1992（04）：43-45.

[6] 宋蓬蓬，赵晨伊，王淑敏．传统岭南园林理水技艺研究［J］．山西建筑，2013（10）：190-192.